BLACK SWAN

思维导图

工作法

MIND MAP

王玉印 著

北京联合出版公司
Beijing United Publishing Co.,Ltd.

图书在版编目（CIP）数据

思维导图工作法 / 王玉印著.—北京：北京联合出版公司，2020.3（2020.9重印）
ISBN 978-7-5596-3922-6

Ⅰ.①思… Ⅱ.①王… Ⅲ.①思维方法－通俗读物
Ⅳ.①B804-49

中国版本图书馆CIP数据核字（2019）第301245号

思维导图工作法

作　　者：王玉印
责任编辑：徐　鹏
产品经理：周亚菲
特约编辑：王云欢

北京联合出版公司出版
（北京市西城区德外大街83号楼9层　100088）
雅迪云印（天津）科技有限公司印刷　新华书店经销
字数220千　700毫米×980毫米　1/16　19印张
2020年3月第1版　2020年9月第3次印刷
ISBN 978-7-5596-3922-6
定价：49.80元

玉印是我认证的执照教师中一个无比杰出的典型，她为推动思维导图在中国的发展起到了十分积极的作用。我相信，在读完这本书后，越来越多她的学生将会成为当之无愧的东尼·博赞思维导图的实践者。我希望读者们会喜欢玉印写的这本书！

东尼·博赞

（Tony Buzan）

推荐序

超越自我的实践者

  美国著名的实用主义学派代表人物，既是哲学家又是教育家的约翰·杜威（John Dewey）博士，一生倡导的教育思想就是Learning by Doing——从做中学、从实践中学。

  英国心理学家、教育家东尼·博赞在1974年提出Mind Mapping（心智图法、思维导图法）之后，该方法风靡了全世界，广泛地被各级学校以及企业机构所采用。我在1989年初次接触思维导图法，学习并在生活中应用实践之后，感到思维导图法对我有非常大的帮助，因此，我在1997年前往英国博赞中心（Buzan Centres）接受师资培训，希望将这个能够有效提升大脑思考与学习能力的好方法引进华人世界。

  王玉印老师是一位热爱学习的实践者，十多年来，她除了将思维导图法融入个人生活之外，还展开了教学推广工作，可谓桃李满天下。但是王玉印老师并不以此自满，为了掌握原汁原味的精髓，2014年，她前往英国向思维导图法的倡导者博赞先生学习，并取得讲师资格。并且，为了丰富教学知识与强化教学技能，她在2017年还上了"思维导图法儿童青少年教学师资培训班"与"思维导图法职场教学师资培训班"。由于王玉印老师坚持学习，思维导图法为她的工作提供了很大的帮助，她还启发、培训出了更多优秀的学生。

今天，欣闻王玉印老师即将出版实战派的工具书，我相信，这将会是一本能为读者提供相当大帮助的好书，因此特为文推荐之！

孙易新心智图法（天津）教育咨询有限公司创办人

孙易新博士

2019年4月23日

题记

我从事业单位辞职后就从事思维导图法的推广，到现在已经三年多了。

经历了许多公开课、内训，从学员们欣喜的脸上和他们优秀的成果中，越来越清晰地感受到思维导图法所带来的好处，同时也很遗憾地看到，这个方法在推广和应用过程中存在一些误区，总体来说，大概有两个方面。

第一是过于重视图。

在培训中总是有许多人这样问我："老师，我没有学过绘画，我可以画思维导图吗？"

实际上，思维导图是一个方法，重在思维，我们真正应该重视的是导图思维，而不是思维导图。

只要你思维清晰了、灵活了，最后呈现的图仅仅是一个结果而已。我在政府部门和企业做内训的时候，基本上都用软件来教学和实践，这完全不影响通过这个方法让我的思维又清晰又灵活。

因此，你有没有学会绘画，跟学思维导图法没有一毛钱的关系。难道说，一个人不会化妆，她的善良、聪明、能干就体现不出来了？一样的道理。

第二是过于轻视方法。

还有一部分人认为，思维导图就是几款软件，随意下载几款，选择用着顺手的就可以，对于这些电脑用得飞起的年轻人来说，玩转几款软件不算啥，所以根本不用学。

这其实也是一个误区，导致了许多人在应用过程中会嗤之以鼻地说："思维导图虽然对于思考问题有一定好处，但也不过如此。没啥特别好的……"

这其实是蛮可惜的，就好像进入了一座宝山，却空手而归一样。

思维导图，也并非那么简单，其中自有一套逻辑和方法，如果把它们系统地运用起来，我们会发觉原来思路可以这样清晰，思考可以这样完善，又这样灵活。

我常常听到学员们感叹："啊，刚刚修订过的操作规程，本以为非常完善了，但用思维导图法解析之后，还是发现了许多漏洞，并且文件内容上有逻辑不通的情况，回去后我们得立马再修订！"

既然思维导图法这么好，是不是学起来很难呢？

当然不难，我在这几年的教学和应用过程中，把它整理成了一个模型，只要我们掌握了这个模型，就自然能学好思维导图法了。

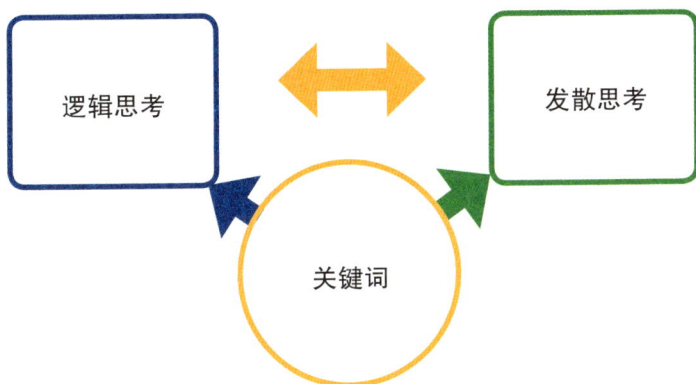

我认为思维导图法的核心，实际上是这样一个倒三角的模型：

一块基石——关键词；

两个灵魂——逻辑思考和发散思考。

这个模型在以关键词为最小概念的基础上，帮助我们做到逻辑思考和发散思考。

提取关键词时，有一个核心的技巧：关键词要做到最小概念；

在逻辑思考时，有两个重要的原则：同阶层同属性原则和MECE原则；

在发散思考时，有一个关键的方法：上找大类，中找同类，下找小类。

掌握了这些技巧和原则，实际上，你就已经完全掌握了思维导图法，接下来就是不断应用和提升的过程了。

在本书中，我详细书写了如何掌握这三点的方法。各位读者在阅读本书的时候，可以重点关注这几个环节，相信会让你对思维导图法有更深刻的领悟。

我在文魁大脑俱乐部带领小伙伴们进行"思维导图武林计划"网络课程已经进行到第11季了，我们的"简书作业集"中已经有包括文章笔记、会议笔记、时间管理、活动方案、问题解决、决策分析、学科复习等应用在内的7000多张思维导图。

　　在这期间，我见证了许许多多伙伴的思路从逻辑不清到脉络分明，思维从固化到活跃；也见证了许多伙伴因思维导图法在职场中大放异彩，有的人因此找到了心仪的合作平台和工作机会；还见证了许多伙伴用它大幅度提升学习效率，其中一位被加利福尼亚大学录取的学霸王安琪说了一句让我印象深刻的话："学了思维导图法之后，我觉得之前的学习方法是错的，我相信思维导图法一定会让我今后的学业更为顺畅、基础更为扎实。"

　　正是因为见证了许许多多的伙伴因这个方法让人生变得更加美好，加之朋友们的建议，我终于想要出一本关于"思维导图武林计划"课程的书，我想让更多的人看到这个方法的好处，让更多的人在家里也能系统地学习思维导图法。

　　写这本书得到了我们"思维导图武林计划"课程毕业生的大力支持，他们将应用在各行各业的思维导图奉献出来，将自己在学习和应用过程中的感受贡献出来，我想这些都可以给大家许多启发。

　　"思维导图武林计划"中有一位非常优秀的毕业生叫卓朝丽，她曾经在总结中说道："思维导图法，收就像是一张网，提起中间（中心图），一切（各支干）尽皆在握；放就像是烟火，由中心燃放，火花四射。总之，收是运筹帷幄，放是决胜千里！"

　　我觉得这段话特别棒！深入浅出地解释了思维导图法的真正含义——让思维收放自如，收时重点明确、思路清晰；放时充满创意，打开脑洞。

愿各位亲爱的读者朋友，在阅读这本书之后，也能感受到思维的收放自如，也能把这种思考模式应用在自己的工作、学习和生活中，不仅让工作和学习更加高效，也让生活更加美好。

衷心祝愿读者朋友们在自己的人生中运筹帷幄、决胜千里！

目　录

CONTENTS

第一章　为什么要学习思维导图法　　**001**

第二章　思维导图之技法　　**007**

010　一、技法之颜色

012　二、技法之图像

025　三、技法之线条

034　四、技法之文字

第三章　思维导图的外在表现形式　　**041**

042　一、全图型

049　二、全文型

050　三、图文并茂型

051　四、错误的思维导图形式

第四章　思维导图之心法　　053

054 一、思考方向

067 二、分类

071 三、关键词

087 四、BOIs

第五章　思维导图法+笔记法　　105

108 一、读书笔记——如何解析一篇文章

138 二、如何解析一本书

149 三、听课笔记（会议笔记）

157 四、观影笔记

第六章　思维导图法+写作　　161

162 一、写作"四部曲"

173 二、写书

174 三、写材料与规划课程

第七章　思维导图法+活动方案　177

179　一、什么是八何分析法

183　二、为何要双剑合璧

188　三、如何才能双剑合璧

195　四、思维导图+八何分析法的操作步骤流程图

197　五、实际应用案例赏析

第八章　思维导图法+SWOT分析法　205

207　一、什么是SWOT分析法

209　二、思维导图法+SWOT分析法如何操作

215　三、实际应用案例赏析

第九章　思维导图法+决策分析　221

222　一、双值分析法

224　二、思维导图法+双值分析法如何操作

231　三、实际应用案例赏析

第十章　思维导图法+时间管理和空间整理　237

238 一、思维导图法+时间管理

251 二、思维导图法+空间整理

第十一章　思维导图法+高效应试和教学应用　259

260 一、学科考试

264 二、职业考试

273 三、学科教学

后　记　285

第一章

为什么要学习思维导图法

不可否认，现在是一个资讯爆炸的时代，我们每天一睁开眼睛，就可以从报纸、电视、电台或者手机中接收到各种各样的资讯，各种新闻、碎片化的知识扑面而来，还有繁重的学习或者工作，成家的朋友还会被各种各样的家庭琐事所牵绊。

处于这样的时代，每个人都被烦躁、焦虑的情绪围绕。我相信，一定有很多人和曾经的我一样，被繁忙的工作逼得焦头烂额；也一定有很多孩子和我们小时候一样，被学习压得喘不过气来。

每个人都想脱离这样的状态，希望自己在工作和学习上能更轻松、高效，我曾经也是如此。

美国著名的哲学家、教育家约翰·杜威在《思维的本质》一书中曾经提到什么是思维，广义上的思维和狭义上的思维分别是什么样的状态，有什么样的表现。

我将其总结后发现，我们平时所说的思维，即广义上的思维方式，是零乱的、散落的，如大杂烩一般，特点是缺少层次、顺序和重点，这样的思考往往是低效的。

高效的思维模式，即狭义上的思维方式，是连贯的、有结构的，特点是有序、有层次、有重点、有逻辑，这样的思考才是高效的。

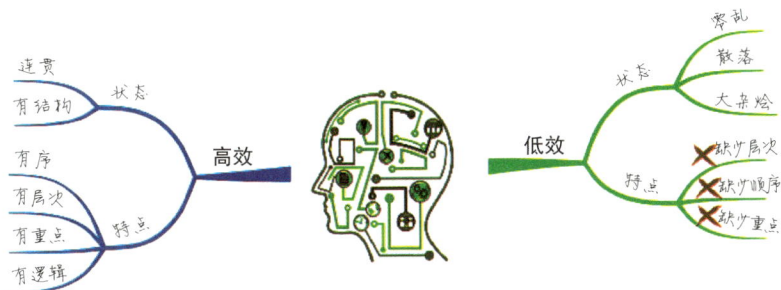

所以，许多孩子的学习跟不上，许多职场人士的工作效率不够高，是因为我们的思维方式没有用对！只要我们掌握了好的方法，绝大多数人就可以更加高效地学习和工作。

那么，什么样的方法算是好方法呢？思维导图就是这样一种非常好的思考方法。

约翰·杜威先生所说的高效思维方式，其实就是思维导图的思考路径。在思维导图中，有一个非常重要的过程，就是从信息中提取关键词，然后把它们组合成合理的逻辑结构。如此一来，复杂的信息就被简化了，我们的学习变得更容易，沟通变得更顺畅，表达变得更轻松。

比如前些天，有一些儿童班的学生要准备诗词比赛，就缠着我问："老师，李白的《将进酒》太长了，怎么才能快速背诵下来呢？"

将进酒

（唐）李白

君不见黄河之水天上来，奔流到海不复回。

君不见高堂明镜悲白发，朝如青丝暮成雪。

人生得意须尽欢，莫使金樽空对月。

天生我材必有用，千金散尽还复来。

烹羊宰牛且为乐，会须一饮三百杯。

岑夫子，丹丘生，将进酒，杯莫停。

与君歌一曲，请君为我倾耳听。

钟鼓馔玉不足贵，但愿长醉不复醒。

古来圣贤皆寂寞，惟有饮者留其名。

陈王昔时宴平乐，斗酒十千恣欢谑。

主人何为言少钱，径须沽取对君酌。

五花马，千金裘，呼儿将出换美酒，与尔同销万古愁。

　　《将进酒》是一首比较长的诗，当年我们也是痛苦地背诵了许久，对于三四年级的学生来说是比较难的。但如果用思维导图法，就可以让背诵过程变得更简单一些，更快速一些。

　　我给学生们讲解这首诗的背景和大概意思后，画了四个简图，问他们能不能记住：一个大大的问号、一个大大的感叹号、一只热情招呼的手、一个高声吟唱的音符。

他们异口同声地说：可以！

我告诉他们，记住这四个简图，就能记住这首诗。

接着，我用思维导图法梳理了这首诗。

《将进酒》
徐莺 2018.5.12

告诉他们在记住这四个简图后，先想"问号"，因为李白反问了两个"君不见"，分别是"黄河之水"和"高堂明镜"。

第一句在说，黄河之水的来处是天上，去处是大海，方式是奔流的，并且它再也不会回来。这样，"黄河之水天上来，奔流到海不复回"就记住了。

第二句，"高堂明镜"字面上的意思是年迈的父母拿着镜子悲叹自己的满头白发，因为早上还是青丝，晚上就像雪一样白，也有说隐喻为官场沉浮。因此想到"高堂明镜"，也就把"高堂明镜悲白发，朝如青丝暮成雪"记住了。

然后想感叹号。第一个感叹的是尽情欢乐，第二个感叹的是自信豪迈。尽情欢乐，因此要"人生得意须尽欢，莫使金樽空对月"；自信豪迈，因此相信"天生我材必有用，千金散尽还复来"。

再想李白热情招呼的情形。他招呼人们一起"煮肉""喝酒"，这还不够，自己还来点名"劝酒"。如此一来，"烹羊宰牛"两句也记住了。

接着就是他想要纵声高歌了，告知大家："我要唱歌了，请你听好喽！"而高歌唱出了他的金钱观、人生观和饮酒观。如此，后面的也就不难记住了。

这样一层层地解读，一层层地抓关键词，学生们就能轻松愉快地记住这首相对比较长的诗，同时也对这首诗有了深度的理解。

这就是思维导图法中的层层梳理、层层归纳。虽然是给学生们讲解，主要目的是让他们更好地记住，虽然其中的阶层关系和关键词处理得不是非常严谨，但学生们通过思维导图法快速记忆和理解了这首诗，还不容易忘记。

当然，思维导图法不仅可以帮助我们吸收知识，还可以帮助我们发散思维，创意思考。在这一收一放之间，我们可以体会到思维无比迷人的魅力，这也是我如此孜孜不倦地学习这个方法的原因。

除了学习，工作也是一样，各种复杂的信息如何梳理，各种疑难的问题如何快速解决，思维导图都可以帮助到你。

现在，让我们一起开始思维导图的探索之旅吧！

第二章

思维导图之技法

我们交朋友都是先认识,接着了解,然后随着多次接触加深理解,最后彼此之间互相欣赏、互相扶持成为好朋友的。

学习技能也是如此,先认识,再了解,通过多次应用,才能熟练掌握。

因此,这一章,我们先来认识一下思维导图法中的几个外在元素。

思维导图法是思维的视觉呈现,它分为两种:一种是呈现在我们眼前的外在表现,包含颜色、图像、线条、文字四个元素,这些统称为技法;另一种是需要我们仔细观察和理解的关键词技巧、内在逻辑和创意思维,这些统称为心法。

如何区分技法和心法呢?在思维导图法中,技法和心法孰轻孰重呢?

这个问题其实与问一个人的外表漂亮是否比能力强、心灵美更重要一样。

在这里给大家分享一个小故事。有一天下午,我去接8岁的儿子放学,走在路上看到一位漂亮的小姑娘走过。我由衷地赞叹了一声:"儿子,你的同学可真漂亮啊!"没想到他一本正经地说:"妈妈,你错了。"我很好奇地问："为什么呢？"他说："你说她漂亮，看的是她的外表，但是外表漂亮就是真的漂亮吗？不是的。要心灵美，才是真的美！"啊哈！一个人的外表美丽固然重要，但内在的心灵美也同样重要！我被8岁的儿子教育得心服口服。

判断人是否漂亮的原则，与判断一幅思维导图优劣的原则，是何其相似啊。

很多人误以为思维导图法，学的是图，于是有人问我，自己没有画画基础，是否可以学习思维导图法呢？

答案当然是可以。因为事实上，思维导图学习的是"法"，训练的是我们快速抓取关键词、构建结构、发散思维的能力，而图像只是这些外在的表现而已。

所以，在思维导图中，==绘制得漂亮与否是次要的，内在的思维能力，以及是否具有实用价值才是真正重要的==。

但为什么尽管内在思维能力更重要，我们依然要先认识和学习外在表现形式呢？

因为内在再美，在被人了解前也要先展现外表。如果外表实在邋遢，与社会规则严重脱离，不管多有内涵，都不可能被外界所了解。

所以，在学习心法之前，我们先来学习一下如何掌握技法，让自己绘制的思维导图更易懂、更有吸引力吧！

在技法的四个元素中，颜色与图像、线条、文字紧密相关，但相对而言又比较独立。因此，我们先来介绍一下颜色。

一、技法之颜色

思维导图法为什么会用到不同颜色呢?

颜色会影响我们的情绪感受,进而刺激思维的灵活性。有研究表明,蓝色容易让人心绪安宁,红色容易让人感觉兴奋。虽然这在个体上存在差异,但总体来说,我们每个人对于颜色会有一些共通的反应。

比如,看到这张图片,你会有什么样的感受呢?是感觉到温暖、神清气爽,还是联想到了自由自在的鸟声、和煦的风,或者充满青草味和花香的空气呢?

如果把这些颜色抹去,你又会产生什么样的感受呢?

你是否还有刚才那种轻快、愉悦的感受?

对我来说,我感受到了一种难以言说的压抑和不舒服。

从这个例子可以看出,颜色确确实实可以影响我们的情绪和感受。

此外,颜色还可以帮助我们快速区分信息的类别。

在家政工作中,我们可以看到各色的毛巾,不同的颜色代表着不同的用途。在垃圾分类时,不同颜色的垃圾桶,代表着可回收或不可回收。这样的例子不胜枚举。

因此,在思维导图中,颜色也可以帮助我们快速区分信息,有助于我们更高效地工作和学习。

正是因为颜色有这样的作用,所以颜色是思维导图技法中一个非常重要的元素。

由于图像、线条和文字对颜色有不同的要求,因此在后面的章节中,我再详细论述。

二、技法之图像

我们在前面说了，思维导图技法中一个非常重要的元素就是图像。

为什么图像会如此重要呢？因为相较于文字而言，图像更为形象、具体，不仅能加深我们的记忆，也能加深我们的理解。同时，图像也可以更好地调动我们的情感、记忆等内在反应。

比如，当我们看到"杨梅"这个词时，不一定会有特别的感觉，但是，当我们看到它圆圆的、紫红的形象时，就会不由自主地觉得两颊发酸，有口水要流出来。

由这个例子可以看出，图片比文字更具有直观的感受，更容易把人体的六感联系起来，因此可以加深我们的记忆和理解。

　　国内著名的记忆法金牌教练袁文魁老师在他的几本书中都写到了世界记忆大师和最强大脑选手训练记忆能力的过程，其中，将抽象的事物转换成具象的事物来记忆，是记忆法的基础。记忆大师们之所以能在短时间内记住许多的文字或者数字，就是因为他们把这些内容快速转化成了图像，并通过图像与图像之间的联系，快速而深刻地==记忆和理解==事物。所以说，图像是思维导图法中一个非常重要的元素。

　　那么，思维导图法是如何运用图像的呢？

中心图

　　中心图，顾名思义就是位于一张思维导图的中心，这张图是思维的核心所在。我们从位置、大小、颜色、构图和构思五个方面来拆解中心图。

①位置

　　绘制思维导图的时候，纸张是横放的，中心图位于纸张的中间。为什么一定要位于纸张的中间，不能是左上角、左下角或者其他位置呢？

　　第一是因为思维导图是一种发散性的思考模式，将中心图放置于纸张中间，有利于思维呈360度放射性发散，不会局限于某一个角度。

　　第二是因为当思维在纸张上呈360度向外扩散时，需要记忆的信息就在纸张上有了自己的空间，我们在记忆时可以通过左上角、右上角或者左下角、右下角这样的空间定位，更好地回忆需要记忆的内容。这与记忆宫殿的空间位置记忆是同样的道理。

②大小

一般来说，中心图的大小为一张纸的九分之一或略小一点。以一张A4纸为例，中心图大约是一只普通的一次性杯杯底的大小。

③颜色

在绘制中心图时，由于它反映的是一张思维导图的核心内容，因此不仅位置要在中心，而且颜色要有三种以上。

博赞先生认为，三种以上的颜色组合，才能让思维导图非常明显，使人一眼就注意到。

还有人喜欢在中心图的四周加上阴影，让它看着更有立体感，这也是凸显中心图的一种方式。

④构图

中心图的构图宜稳定，不宜使用类似倒三角形这种看上去不够稳定、似乎随时都会倒下的构图，这在视觉上会令人感觉不太舒服。稳定的构图能让人感觉到沉稳、大气。

⑤构思

这是最为重要的一点。我们不是为了画图而画图，而是为了让自己更好地理解和记忆。因此，中心图要贴合思维导图的核心思想，我们一看就有深刻的感受，并能很好地记住。

这一点对于小朋友来说似乎比较容易，因为他们有着天马行空的想象，也不会给自己设下限制。但对于很多人来说，可能就不是那么容易了。许多人都会苦恼这个问题：怎样才能把抽象的语义转换成具象且生动的图形呢？

以名字为例，在这里介绍谐音、拆字、关联和综合四种常见的转换方法。

1. 谐音

作者：焦杨
（文魁大脑第四期思维导图认证班毕业生、第九届思维导图锦标赛裁判）

这是一幅做自我介绍的思维导图中心图，其中包含了名字、职业和性别。

性别，我相信你肯定一眼就看出来了，现在请你猜一猜，作者的名字是什么、职业是什么？

细心的你可能会发现，这是一个女孩在教课，教的是关于氧元素的课程。

对，这位作者姓"焦"，她巧妙地将"焦"谐音成"教"。

焦老师单名一个"杨"字，这个"杨"又是从"氧"元素谐音而来的。

更为巧妙的是，她是一位教化学的女老师。

怎么样？是不是特别有意思呢？一幅小小的中心图，融合了她的姓名、职业、性别，很容易被人记住。当一位老师向学生这样介绍自己的时候，学生一定会觉得很新奇，并一下子就记住和喜欢上这样一位有趣、有爱的老师吧！

2.拆字

有些人是根据字面意思进行转换的，比如田地的"田"字可以画一片田字形的土地。我们曾经有一位学员是华中农业大学的记忆协会会长，叫黄雷。我们来看看，他是如何介绍自己的名字的。

作者：黄雷

（文魁大脑第四期思维导图认证班毕业生、华中农业大学记忆协会会长）

图中，黄色的田字格是一片农田，有雨水滴落在土地上，"雨"加上"田"，是不是一个"雷"字呢？黄色的农田接受了雨水的滋润，是不是就是黄雷呢？看懂之后，让人会心一笑，是不是非常巧妙呢？

除了将文字进行拆解、组合，有人还会用增加文字或者将文字倒着念的方法进行转换。

我们有一位思维导图认证班的学员，她的名字叫周莹，她就将"周"拆成了"门"和"吉"，用"开门大吉"代表"周"，这是将一个字拆开；而"莹"则用"萤火虫"表示，这是用增字进行转换的。

整张中心图的寓意是：红灯高照、开门大吉、吉祥如意！她自己也认为，这么一转换，名字就变得喜庆了。是不是很有意思呢？

作者：周莹

（文魁大脑第七季认证班毕业生）

3. 关联

这幅听课笔记的中心图是参加思维导图管理师认证班的庄晓娟老师画的，其中就用了关联。由于这个课程是我和袁文魁老师两个人共同授课的，因此，她在中心图的右边绘制了一个状元的形象，状元就是袁文魁老师。左边是一枚玉做的印章，寓意着我的名字玉印。印章又盖在思维导图的课程上面，寓意着这是一个由文魁老师和玉印老师共同授课的思维导图课程。

状元、印章，都是与文魁、玉印相关联的事物，晓娟老师的关联做得非常巧妙、非常棒，让人印象深刻。

作者：庄晓娟

（文魁大脑第三季认证班学员、第九届思维导图锦标赛裁判）

4. 综合

我在英国向博赞先生学习思维导图法的时候，曾经绘制了一幅自我介绍的思维导图。当时，博赞先生说："你们来自全球各地，互不相识。因此在绘制思维导图之前，要先思考一下如何让大家立刻就记住你，课程结束之后还记得你，并且在一两年之后依然可以记住你。"

这个时候我就想，首先，要找到我与同学之间的差异，才能让人记住我。其次，如果我能把名字和差异结合起来，这样才能让人印象深刻。

我环顾四周之后，发现我身上有一点是与所有人都不同的，于是，我就绘制了这样一幅中心图。

我故作神秘地跟大家说："亲爱的老师和同学们，你们知道吗？我是这个场上所有学习思维导图的伙伴中，最为划算的一个。"

这个时候，同学们一下子被我吸引了，纷纷好奇地问我："为什么？"

于是我轻轻地拍了拍肚子，揭晓了答案："因为你们是交了一个人的钱，一个人来学习思维导图，而我同样交了一个人的钱，却是两个人来学习啊！在我的肚子里面有一个宝宝一起学习呢！"

此时，博赞先生和同学们都露出了非常夸张而惊喜的神情，博赞说："哇，这是全世界最年轻的思维导图学习者！"

同学们纷纷瞪大了眼睛说："好厉害！"

见大家完全被我吸引住了，我就指着中心图孕妇肚子上的爱心，告诉大家，在中国，Love是"爱"的意思，因为我爱我的baby，所以我带着他来到了我们这个充满智慧的课堂。所以，我的名字叫Abby，从"爱baby"谐音而来。

这下，所有的同学和老师都记住了我的名字，并记住了我肚子里这个全世界最小的思维导图学习者。

怎么样，你记住我的英文名了吗？

我们来看这个自我介绍，综合了"A"的谐音"爱"，还有孕妇和baby，同时又体现了我的与众不同之处，更传递了追求知识、追求进步的正能量，所以一下子就让人记住了，并且印象深刻。

在我们需要介绍自己的时候，如果能将自己的名字形象化，并赋予一定的意义，或者用幽默、诙谐的语言表达出来，就会更容易让人记住，也更容易拉近与他人之间的距离。

学会了上面几种方法，你是不是也跃跃欲试了呢？

作业

你的名字是什么呢？思考一下自己的名字如何转换吧！

做好后，可以将你的思维导图发送到微信公众号"玉印思维导图"，并记得告诉我你的感受哦！你的作品将有机会得到点评，并有机会成为下一本书的案例哦！

插图

在思维导图中，除了中心图以外，那些小的图标、简图等统称为插图。我们将从作用、数量、位置、大小、颜色五个方面来讲解插图。

①插图的作用

简单来说，插图有两个作用：一是吸引视线，让人能一下子就关注到重点（关键词）；二是加深理解和记忆，通过插图进一步理解重点，并巩固记忆。

由此可见，绘制插图并非为了漂亮或者因为某个关键词比较容易转换成图像，也不能因为转换后的图像比较好绘制就可以随心所欲，更不是图像越多越好，而是应该绘制在重中之重，或者我们难以理解和难以记忆的地方。我们来看看下面的例子，深入了解一下插图要绘制在重点和难点之处的原因。

我还在医院工作的时候，有一次，我们单位请一位教授来讲医院管理学。这位教授讲到了医院管理的十道防火墙，其中有一道叫作"定置管理"，乍一听觉得很难理解，于是我细细听着，发觉原来教授说的是急救时的位置要定好，医生和护士的站位必须固定。

我听明白后，马上在"定置管理"的文字旁边画了一对大大的红脚丫。如此，我的理解和记忆就更加深刻了。

没有想到的是，过了几个月，我们领导在翻阅他自己的听课笔记时，对"定置管理"一时想不起来是什么意思。

于是，他打电话问我，当他说出这个词的时候，我的脑海中立刻浮现出了那对红红的大脚丫，于是我快速而准确地复述出了它的意思。

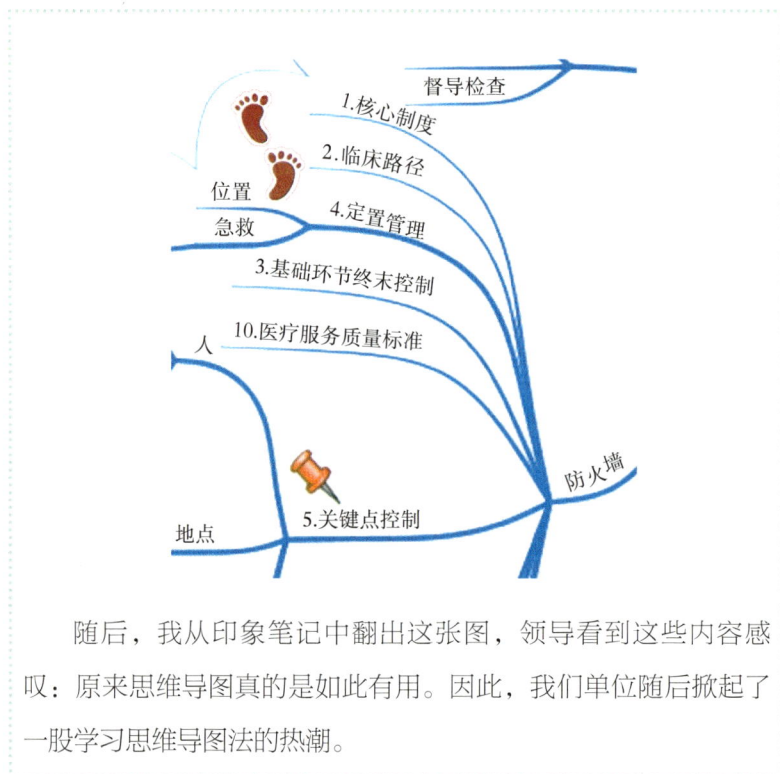

随后，我从印象笔记中翻出这张图，领导看到这些内容感叹：原来思维导图真的是如此有用。因此，我们单位随后掀起了一股学习思维导图法的热潮。

从这个例子我们可以看出，插图绘制在难以理解的地方，可以帮助我们加深记忆；而在抽象词语转换成具体形象的过程中，又会帮助我们加深理解。所以，插图并非胡乱绘制的。

德国心理学家冯·雷斯托夫（Von Restorff）在实验中总结出一个非常著名的孤立效应，又称冯·雷斯托夫效应，指的是"如果一系列刺激项目中的某一项有特别之处被'隔开'，它就比不被隔开容易记住"。也就是说，某个元素越是违反常理，就越引人注目、令人难忘。

冯·雷斯托夫在1933年检验了这个理论。她让实验对象观看一系列相似的物品，如果其中某个很特殊，比如被聚光灯照射，那么相比其他物品，受试者就更容易回忆起这件物品。

我们在回忆起平时看到的一些非常经典的广告、精美的PPT时，也会运用颜色、大小、留白等方式将重点突出，以加深印象。

而插图在一张思维导图中的作用正是表达重点、引人注目，从而加深理解和记忆。

②插图的数量

这里必须强调的一点是，插图没有数量要求。

从冯·雷斯托夫效应中，我们可以了解到为什么插图非要放在重点位置，因此也不难明白为什么插图没有数量的要求了。

插图的数量是根据每个人所绘制的每张思维导图的不同情况而定的，其他人无法要求你必须有十个重点，也无法要求你必须画多少幅插图。

比如，在一张思维导图上，原本只有三个最需要我关注的点，而规则强制要求我必须画出超过十幅插图，那么我们在复习的时候就会失去方向，无法一下子找到重要的信息，因为它们被淹没在十多幅插图里面了。

所以，如果为了数量而绘制，或者为了好看而绘制，就失去了插图最为重要的意义——突出重点、难点。

③插图的位置

绘制插图时，要让它位于思维导图主干、支干的上面，紧邻文字内容，不宜太远，否则让人无法关联文字和插图，扰乱视线，也就失去了其存在的意义。

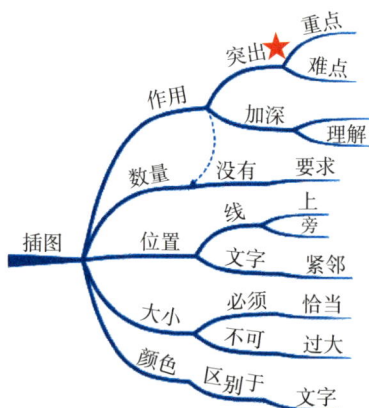

比如，上图中的五角星紧邻"突出"这个词，我们就能一下子明白这里是重点。

但是，如果五角星的位置很远，就会让人有些摸不着头脑，不禁会想：这是"突出"的插图，还是"重点"的插图？

④插图的大小

插图不宜太大，保持视觉上的舒适即可，主干上的可以略大，越往下级的分支，插图越小。

有些人非常喜欢图像，所以把插图画得跟中心图差不多大，其实这样是不合适的。插图相对于中心图而言就好像是配角，切忌喧宾夺主。

还有人会说："老师，我左边太空了，为了视觉上更舒服，就画一个插图平衡一下吧！"这也是本末倒置了。

⑤插图的颜色

对于插图的颜色并没有非常明确的要求，但由于插图的作用是吸引人，因此与相应的主干线条的颜色有所区别会更好。

三、技法之线条

与图像一样，线条也分为两种，一种是<mark>主干</mark>，另一种是<mark>支干</mark>。在思维导图中，由主干和支干组成的线条网络搭建的知识框架承载着我们的思考，使思维和知识变得结构化。

不管是主干还是支干，都需要遵循颜色的要求，并且尽量让线条保持柔和度。

<mark>①线条的颜色</mark>

对于颜色的选择，我们<mark>首先</mark>要从内心的感觉出发，问问自己对这条信息的感受是什么，与什么颜色更吻合。

如果我们绘制的内容跟"规则"有关，可能会想到蓝色，因为蓝色比较理性。如果我们绘制的内容跟"妈妈"有关，可能会想到橙色，因为橙色代表温暖。如果我们绘制的内容跟"植物"有关，可能会想到绿色，因为植物大多是绿色的。

<mark>其次</mark>，颜色在分类时也有着非常重要的作用，可以让我们快速地区分出信息的模块。

因此，在一般情况下，我们会对同一主干和支干使用相同的颜色（同支同色），而对于相邻的主干和支干使用不同的颜色（邻支异色）。

比如在下图中，右上角的绿色是"开营"及相关细节，因为刚"开营"代表着思维导图法的学习刚刚开始，有一种万物生长的感觉，所以焦典用了绿色。

作者：焦典

（文魁大脑第五季认证班毕业生、"武林计划"第一任总舵主、世界记忆大师）

蓝色部分是"教你读"的细节，因为要区分不同类型的导图，所以用了代表冷静的蓝色。

这些不同的颜色代表着不同的信息分类，我们一看就可以知道，相同颜色的主干和支干，是属于同一个大类的信息。

但孙易新博士提出，在特殊情况下，也可以在同支中使用不同的颜色。比如下图：

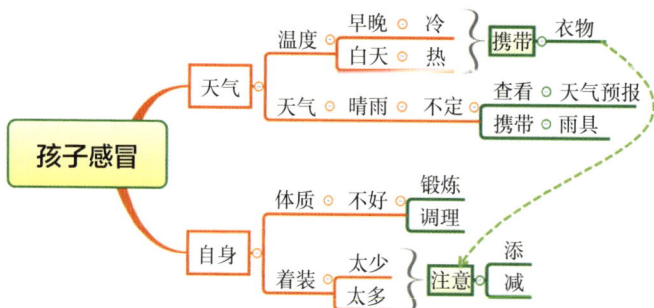

这幅图就"孩子感冒"这个议题提出了原因和解决方案。

原因统一为橙色，解决方案统一为绿色，在分析和解决问题时，这样的配色方案同样有利于思考。

我认为，孙易新老师对于颜色做这样的调整是有道理可循的，因为不管是颜色还是图像，终究是为了我们更好地思考而服务的。

②线条的柔和度

除了颜色，主干和支干也要尽量以柔和的状态呈现。

有很多人会疑惑，为什么线条要柔和呢？笔直的不也非常清晰吗？

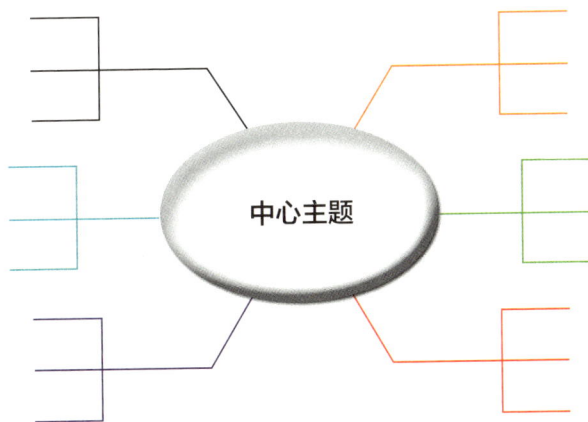

中心主题

事实上，虽然直线也非常清晰，但它更像是条列式笔记，缺少灵活性。而柔和灵动的线条，就好像人体的神经纤维一般，可以到达人体的任何部位，自如地指挥人体各部位协同工作。试想，如果神经纤维是笔直的，那么虽然它的分布依然是清晰的，但是就不可能自如地分布在人体各部了。

我们的思维也是一样，需要的是灵活的、自由的、奔放的。而柔和的线条更能体现思维的灵活性，促使我们想出创意。同时，柔和的线条也更有弹性，更有生命力，有助于我们自如地收放。

可惜的是，在思维导图的软件中只有iMindMap的线条是柔和的，也是最接近于手绘的，其他软件的线条都是直线的。比如，刚刚讨论过的《孩子感冒》这幅图用的软件是XMind，虽然它有着iMindMap不具备的"总分总"形式，还可以在一份文档中有多个画布，用起来极为方便，但它唯一的缺点就是线条不够柔和，不免稍稍有些遗憾。

不过各种软件都有优缺点，我们在手绘的时候，尽量注意将线条画得柔和一些就可以了。

相比于这些软件能方便快速地帮助我们有条理、有创意地思考，线条是否柔和简直可以忽略不计了。

我个人也非常喜欢用XMind，后文还会讲如何利用这款软件制作思维导图。

③线条的先后顺序

在思维导图中，线条的绘制是有着先后顺序的。总体来说，有两个原则。

第一，先主干，后支干。

也就是说，绘制好中心图后，首先绘制的是主干，主干内容完成后，再完成支干。抓中心、抓主干、再抓细节，才是真正的结构化思考。先抓核心内容和框架结构，对这件事情就胸有成竹了。

一般来说，只要有分类、有水平的思考，就先绘制水平思考的部分，若没有分类，就继续延伸思考。

第二，先右后左。

一般来说，思维导图的第一条主干内容会在中心图的一点钟方向，然后围绕中心图按顺时针方向排列，依照主干数目的多寡确定位置，依次排列到左上角。

除了以上几个方面外，主干和支干在其他要求上也各不相同。

主干

位置：主干附着于中心图周边，它的起始端与中心图紧密相连，末端与支干连接。

形状：一般来说，主干的形状是从粗到细，但有些是艺术化的，所以，我们有时可以把文字的意思转化成图形后作为主干使用。

长度：所有线条都不宜过长，与文字的长度相同或者稍长即可。

【范例】

1. 普通型主干：单色，从粗到细，注意线条柔和度即可。

绘制：焦杨

2. 变化型主干：除了上述单色的主干以外，我们可以考虑将主干镂空，也可以考虑加点料。

①**镂空型主干**：可以考虑在主干的内部使用各种形状的镂空。

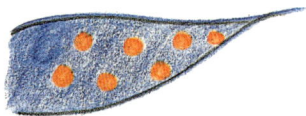

绘制：焦杨

②**加点料**：可以在主干的内部用其他颜色加些图形，颜色搭配上要注意和谐，突出线条的主色调即可。

③**艺术型主干**：除了上述的普通型和变化型之外，还有各种各样的艺术型主干。比如，当主干的内容和鱼相关时，我们可以考虑画一条美丽的鱼来表示；跟梦想、云朵相关时，可以用云彩、彩虹来表示；跟爱好相关时，可以用爱心的组合来表示。

事实上，只要我们善于观察，万事万物都可以作为主干。

绘制：焦杨

作业

　　亲爱的读者，你能想到什么适合绘制成主干的事物呢？一起来思考一下吧！

　　你想到了什么呢？我们一起来看看第五季"武林计划"的精英学员周桅是如何绘制的吧！

［导图解说］

——周桅

绘制：周桅

（文魁大脑思维导图认证班第七季毕业生、"武林计划"精英学员、
周记导图工作坊创始人、思维导图讲师）

　　玉印老师说最好不要通过临摹的方式来绘制艺术线条，所以我不得不静下心来认真思考：这些艺术线条是如何联想出来的呢？

（1）树枝是肯定排在第一位的，看见树枝就会想到枝杈……由树枝我想到了缠绕的藤蔓，还有飘逸的柳叶。

（2）正在想的时候，我突然看到桌上的耳机线——这也可以算是一种艺术线条的形式吧？由此又想到了电话线、电线。

（3）本人是长发，平时喜欢编个辫子，扎个马尾，由此又想到了漫画书里被夸张表现的长手臂。

（4）动物中，其实我最先想到的是蛇，因为它的身体太形象了，由此又想到了大象的鼻子和猫的尾巴。

（5）食物的话，我第一个就想到了串串香，它在重庆人民中受欢迎的程度堪比火锅。在画的过程中，我突然想到香蕉也很像啊。

（6）五线谱，是我在翻看其他学员作业的时候突然来的灵感，然后又想到了横幅和旗帜。

其实还有一个分支没画，那就是大自然。大自然让我想到了风，想到了流水，想到了连成线的雨滴。

当然，在画辫子的时候，我还想到了锁链。

受玉印老师的启发，我无意中打开了艺术线条的这扇窗，看到了一个奇妙的联想世界！

作业

在中心图的章节中，大家已经练习了自我介绍的中心图，现在请你在中心图的周围绘制四条主干吧！分别是家庭、职业、爱好、梦想，可以是艺术化的形式，也可以是普通的形式，你喜欢的就是最好的。

支干

由主干延伸出来的所有线条，叫作支干。

<mark>位置</mark>：连接着主干和其他支干。

<mark>形状</mark>：细细的，长长的，就像是一条小河，承载着思维，可以流淌到纸张的任何地方。我们在练习绘制支干的时候，可以闭上眼睛，想象一下手中的笔就是一条小河，在纸上缓缓地、灵动地流淌着。

<mark>长度</mark>：与主干的要求一样，等于或者稍长于文字。

<mark>方向</mark>：线条的方向宜向两边发散，忌往上下发散。

<mark>正确示范</mark>：往左右发散　　　　<mark>错误示范</mark>：往上下发散

支干如左图这样柔和地向两边发散，能够使文字稳定地立于线条上。

如果像右图那样直上直下，文字就只能写在线条的旁边，如同滑梯一样从线条上滑下来了。袁文魁老师经常称那些直着往上冲的线条为"冲天炮"，而那些直着往下的，他又戏称为"吊死鬼"。其实并没有贬义，只是形象地提醒学员要注意避免，如果一不小心绘制成这样了，想起袁老师的话，就会莞尔一笑，立刻改正。

四、技法之文字

从文字内容来看，更多要点应该在心法，但是文字的位置、方向和颜色却属于技法。在这里，我们先学习文字的技法要求。

①文字的位置

思维导图中的文字，除了中心图部分的以外，主干和支干的文字都要求写在线条上，就好像是我们小时候做的填空题，老师总是要求我们把文字写在画线上面，否则会干扰视觉，是不妥当的。

②文字的方向

无论线条往哪个方向发散，无论是在导图的左边还是右边，文字的书写一律都是从左往右。

③文字的颜色

文字的颜色有两种选择：一种是全黑色，也就是说，整张导图中的文字都是黑色的。另一种是同线条色，也就是要与线条的颜色相同。如果线条是红色，那么文字也是红色；如果线条是绿色，那么文字也是绿色。

无论是哪种选择，都需要保持统一，在同一张思维导图上，文字要么是全黑色，要么是同线条色。

从视觉上来看，黑色更庄重一些，而彩色更能表达内心的情绪。

从绘制方便程度来看，若用全黑色，在绘制时可能需要多次换笔，不是特别方便；若是同线条色，会大大减少换笔的次数。大家可以根据实际情况和自己的喜好选择。

④文字的长度

在思维导图法中，文字的长度要求**一线一词**。也就是说，一根线条上只有一个简短的关键词，并非长长的句子。

至于关键词的要求，究竟哪些算是关键词，我会在心法中详细讲到。

【范例】 一起来找碴儿

亲爱的朋友们，这是我们第五季"武林计划"总舵主焦典精心绘制的一幅充满了陷阱的思维导图，现在邀请你一起找找在这幅图中，一共有多少个错误吧！

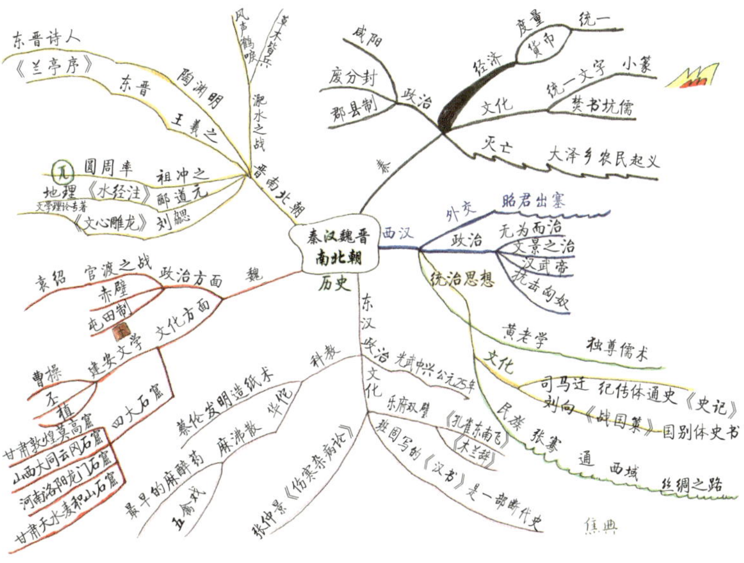

1. 从中心图来看

①中心图的大小，最好是纸张的九分之一略小一点点，这里的中心图显然是小了。

②颜色要三种以上，这里只有两种。

③有人会说，中心图最好绘制成图像才会更吸引人，确实是这样。但如果你实在没时间，用文字表述也是可以的，因此这一点不能说绝对错误。

2. 从插图来看

④插图的位置应该在文字旁边或者上方。

在这幅图的右上角有一个黄色的插图，图跟"小篆"离得比较近，但我们很难把"小篆"和这个图形联系起来，就会很疑惑，不知道它代表了什么。

仔细看"小篆"的下面是"焚书坑儒"，看起来这个形似火焰的图应该是提示"焚书坑儒"的意思。因此，这个图形应该绘制在紧挨着"焚书坑儒"的地方为好。

⑤ "屯田制"也是一样的问题，这一田字形的插图应该绘制在屯田制旁边或者上方。

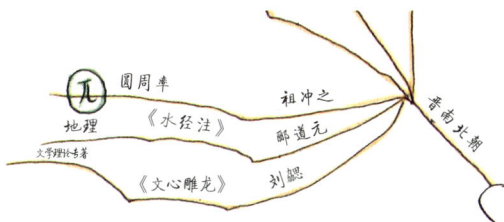

⑥圆周率这里的 π，跨线绘制了，看上去就不是很舒服。如果绘制在线条上或"圆周率"上面会更好。

3. 从线条来看

⑦主干应该是从粗到细，但这里的主干都是细细的。

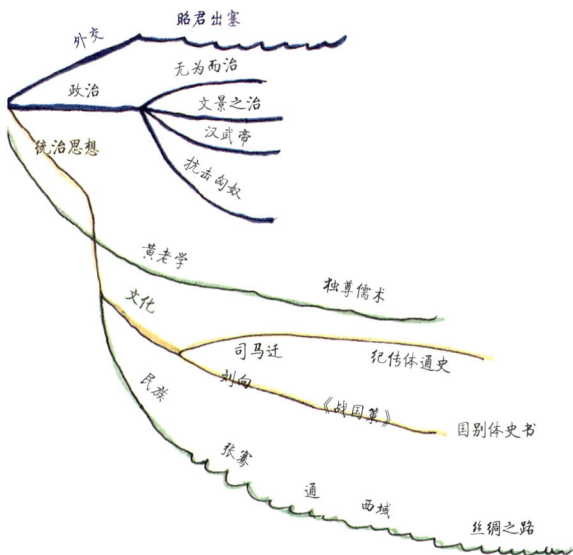

⑧我们都知道支干的颜色一般情况下应该是同支同色，这一部分同一个支干用了三种颜色显然是不符合要求的。

⑨我们说支干应该柔和地往两边发散，而"东汉"部分紫色的主干和支干线条是直着往下发散的，"淝水之战"的支干是直着往上的。

4. 从文字来看

⑩思维导图中的文字要求精练、简短，每根线条上写的都是关键词，而这张思维导图中有许多地方都是一句话，这是最不符合要求的。

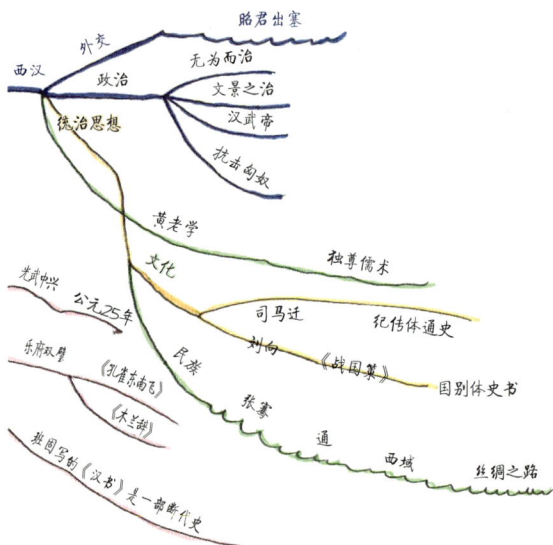

⑪文字的位置应该在线条上，而"文化"分支上的文字有的在线条下面，有的被线条从中间贯穿。

⑫文字的方向应该是从左往右，而"东汉"是自上而下，这样也是不符合要求的。

⑬文字的大小和字体也应该统一，千万不要故意写得有大有小，有工整的，也有很潦草的，这样看起来很乱。

另外，这张图中还有许多逻辑结构上的错误，我们在学习后文时就会明白。

作业

现在，大家已经学了思维导图中的技法，那么让我们先来完善之前的自我介绍吧！你要以什么样的方式介绍自己，从而让大家一下子就可以记住你，并长久地记住你呢？好期待啊！

做好后，可以将你的思维导图发送到微信公众号"玉印思维导图"，并记得告诉我你的感受哦！你的作品将有机会得到点评，并有机会成为下一本书的案例哦！

第三章

思维导图的外在表现形式

在上一章中，我们认识了思维导图技法的四个元素——颜色、图像、线条、文字。这些元素是思维导图的外在组成部分，也体现了思维导图法的内涵。

本章中，我们将学习常见的外在表现形式——全图型、全文型和图文并茂型。

一、全图型

顾名思义，全图型的思维导图就是指在一幅思维导图中，用来表达含义的都是图像，而没有文字。

全图型思维导图的优点就是视觉冲击感极强，能够吸引人注意，让人有想看的欲望。

但是，我们仔细阅读时会发现，全图型思维导图读起来并不是非常容易，所以，在阅读思维导图之前，我们要先来学习一下阅读思维导图的顺序。

很多人认为阅读思维导图太简单了，先读中心图，再读右上角第一条主干、支干，然后按顺时针方向依次读完所有的主干和支干就完成了。殊不知，这样的阅读顺序已经奠定了思考模式上的错误，为今后学习思维导图法带来了本质上的偏差。

那么正确阅读思维导图的顺序是什么呢？

思维导图的阅读顺序

第一步：读中心图

第一步读中心图这是毋庸置疑的，因为中心图代表着核心思想。不只是读思维导图，要了解任何一件事情，我们都应该从核心开始。

第二步：读主干

从右上角第一条主干开始阅读，按顺时针方向至左上角，直到读完所有的主干内容。

刚才我们说过，读中心图是为了掌握核心，那么读主干，是为了掌握核心内容里的重点，也就是一幅思维导图的纲领。

第三步：读支干

抓核心、抓纲领，而后依次阅读每一个主干下的内容。

细心的读者会发现，这里强调的阅读顺序与前面提到的大有不同。

为什么要先阅读主干，再阅读支干，而不是从右上角往左上角依次读完每一个主干和支干的内容呢？

思维导图法是从中心点向外360度层层扩散的结构化思考模式，与金字塔原理相契合。阅读时，要从中心图开始，围绕核心内容层层展开，层层剖析。就如同芭芭拉·明托（Barbara Minto）在《金字塔原理》中提到的"自上而下的思考"，读思维导图也要一层一层地推进。

这样做的好处是，我们首先了解了事物的重点、概要，脑海中有了框架思维后，再充实事物的细节，理解上就更清晰了。

不管是阅读思维导图，还是理解事物都是一样，我们要先抓核心，再抓纲领，最后抓住每一个纲领下面的细节，这样的思考才是非常清晰的，才是胸有成竹的。

因为我们在一开始就清楚了事情的概貌，也就抓住了大方向，细节无非是让我们对事件的了解越来越清晰、越来越完整而已。

错误的阅读模式是从右上角第一条主干、支干，依次看下一条主干和支干。在这样的顺序下，事实上思维还是一条一条顺序下来的，是条列式的，并没有发挥出思维导图法结构化思考的价值和意义。

在这样的阅读顺序下，我们往往不太容易把握思考的方向，容易以偏概全，很难发现逻辑上的偏差和错误。

因此，这虽然看起来只是顺序上的小小的不同，但实际上却是思考方式的不同。

说完阅读顺序，我们一起来看看焦杨老师这张自我介绍思维导图吧。

你第一眼的感觉是什么呢？我当初的第一感觉就是——好漂亮！好像一幅艺术画。

我们来看第一条分支。右上角画了一个类似彩虹的形象，尾端还有一颗爱心的图形，大家来猜一猜这代表了什么呢？是美好的愿望还是疑问？由于没有明确的答案，我们心中不禁会浮现出许多猜想。

第二条主干似乎明确一些，应该是属于"爱好"，第三条似乎是时间安排，第四条又比较难以琢磨了。

如此猜测，难免会让大家觉得好累，职场中恐怕很少有人会有时间和精力去猜测这样一份自我介绍的。

由此可见，尽管全图型思维导图有着能够吸引人注意的强大优势，但也有着很明显的缺点。

首先，图形的表达意义很宽泛，需要人们去猜测，而且不一定猜得准。

其次，对于绝大部分没有绘画基础的人来说，绘制全图型的思维导图是很有压力的，也需要投入更多的时间和精力。

正是基于这些优点和缺点，全图型思维导图就有了自己的适应证和禁忌证。

适应证：全图型思维导图适用于那些比较轻松，需要一下子抓住人们的眼球，配合图像进行解说的场合。尤其是与小朋友交流的时候，全图型可以牢牢抓住孩子们的注意力。

禁忌证：对于那些非常严肃的场合，或者我们无法解说的场合就不太适用了。比如，我们在投递个人简历的时候，想象一下HR在那么多份简历中看到这样一幅图，一开始可能会眼前一亮，但猜了几分钟后大概会开始伤脑筋，恨不得扔掉这份简历了吧！

好了，为了不让大家咬牙切齿地扔掉书，我们也把焦杨老师自己对于这幅图的解说放上来吧！

［解说］《全图型自我介绍》

——焦杨

第一分支：基本信息

主干是一个彩虹问号，表示有朋友询问我是谁，这一问就架起一座互相沟通的桥梁，会找到志同道合的朋友。

蒙古包表示我来自内蒙古；一大一小两只鹿表示我来自鹿城包头，也强调这里是我的出生地，我妈妈也在这里！

生肖属羊。

三只手的"石头、剪刀、布"表示我们是一家三口，我们经常玩这个游戏；三个手势表示"520"，人们把这些数字谐音表示为"我爱你"，所以这三只手表示一家人相亲相爱。

"9-10"是个特殊的日子——"教师节"，表示我的职业，后面的锥形瓶代表有声有色的化学课，我是化学教师。

第二分支：喜欢的事

主干表示喜欢，但是也保持了心里有空余，不会被塞满。

两只脚丫表示我和孩子在一起徒步，带着他到自然中自由呼吸、晒太阳，接地气。

我也喜欢瑜伽，虽然时间紧张，但身体的健康和舒展也很重要！

有时间也追一追好看的剧，增长一下人生的智慧，看看历史长河中的人生百态！

第三分支：碎片时间

主干是散落的表盘，代表我的碎片时间，细心的朋友会发现没有6和7，表示我难免有时会拖延偷懒。

我通过微信建立了"心的守护"读书会，每天早晨起床后会先读一段文字。

在上下班的路上要花费很多时间，所以开车的路上，我会选择听书增长智慧，那个很像杯子的图标是樊登读书会的logo。

孩子每周打乒乓球四次，一共8小时，这也是我的读书时间，所以我总是随身带一本书。

第四分支：梦想

主干云朵带着五颜六色的小气泡，表示梦想不少，万一实现了呢？哈哈！但也有主次。

一是希望能够工作自由，因为固定时间上班又要照顾孩子着实累得凄惨，所以就想能不能不上班只工作，时间可以自由支配。

二是希望在思维导图方面能够不断提升，像竹子一样节节高，充分地运用和传播！

二、全文型

　　既然有全图型，那么与之对应的一定有全文型，这同样是因导图上都是文字而得名的。

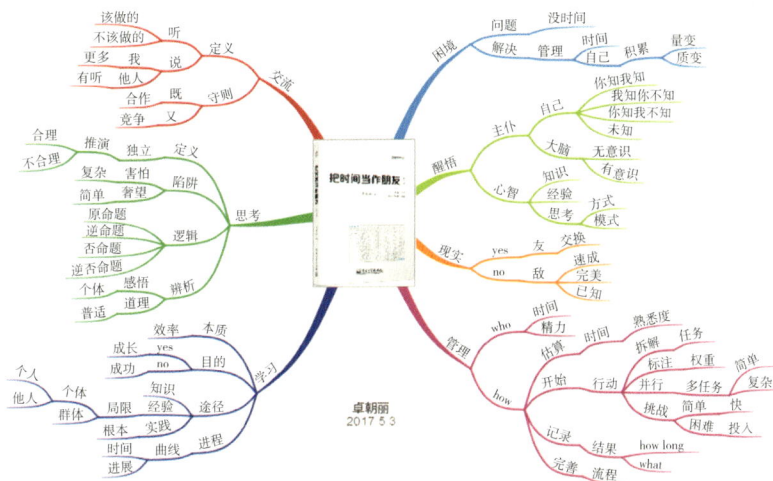

作者：卓朝丽

（文魁大脑思维导图认证班第四季毕业生）

　　我们来看，卓朝丽的这幅思维导图就是全文型的。全文型可以把意思表达得非常清晰、准确，绘制的速度也很快，手绘、软件均可快速绘制，因此不擅长绘画的人，或者职场上讲究效率的人往往比较喜欢。

　　但是，由于缺乏图像，看起来不是那么吸引人。最重要的是，图像有突出重点、加深记忆和理解的作用，没有插图和标记，就没有突出的作用，我们很难快速捕捉到重点所在。这是非常可惜的。

因此，我建议，可以在重点、难以理解和难以记忆的地方，绘制一些简单的插图或者图标。

由于全文型有着绘制快速、意义精确的优点，在我们需要快速梳理思维，或者需要快速处理大量信息的时候，还是非常实用的。

三、图文并茂型

图文并茂型结合了全图型和全文型的优点，既能吸引人，又能快速绘制、精确表达、利于记忆和理解，还能让人快速捕捉到重点。

作者：周国丽

（文魁大脑思维导图认证班第三季毕业生、世界记忆锦标赛裁判、绎星教育创始人）

比如，周国丽这张《如何制作曲奇》的思维导图就属于图文并茂型，她用简单的线条绘制了一个非常形象的曲奇饼作为中心图，让人一看就明白这大约是一幅与曲奇饼相关的思维导图，在重要的地方还加上了非常简单的图像，并且用1、2、3、4、5明确地标注了操作步骤。

非常明了，非常吸引人，非常生动，让人印象深刻。

四、错误的思维导图形式

讲完思维导图的外在表现形式的三大类型，我们来区分一下错误的思维导图形式。

我们在网络上常见到一些有主干和支干，但线条上文字密密麻麻的，整体结构不注重逻辑的思维导图。

这些只是外表很像思维导图，实际上缺少了思维导图的核心。首先是缺乏关键词，这制约了思维的灵活性、发散性；其次是缺乏逻辑，让人读不懂。因此，它们只是有思维导图的外表，实质上并没有真正发挥出思维导图强大的整理思维和发散思维的功能。

还有一些错漏百出的。它们看起来非常漂亮，非常吸引人，关键词也比较短小，但实际上却不注重逻辑，关键词也只是短了点而已，并没有遵循最小概念的原则。这些图不免让人觉得思维导图仅仅是画图而已，对于梳理思维和创意思考并无用处。许多人因此对思维导图心生误会，这真是非常可惜的事情。

我希望，在越来越多系统学习过"思维导图法"的老师的正确推广下，这种仅有形似的"思维导图"会越来越少。同时也希望大家注意，在思考的时候提炼关键词，注重逻辑和创意。

作业

　　请你罗列一下全图型、全文型和图文并茂型思维导图的优缺点，以及使用的场合吧！

第四章

思维导图之心法

一、思考方向

　　学习了思维导图的技法，我们要开始接触思维导图的心法了。首先是关于思考的方向，在思维导图法中有两种思考方向：

　　一种是水平发散的，就好像一朵花儿开放一样，从中心向外360度地发散思维，引导我们的思维一直不断变换角度，开拓思考。

　　另一种是垂直向下的，这种形式就好像流水一般，引导我们的思维从一个点开始一直不断深入探索，专注思考。

　　这两种不同的思维方向虽然简单，却实实在在地组成了思维导图的框架。

　　东尼·博赞先生总是说，思维导图就像我们大脑中的知识地图，垂直和水平两种思考的方向，就好像地球上的经线和纬线一样，只要有经纬线的数据，我们就可以定位到任何位置。同样，我们也可以从思考的网络中，知道每一个要点处于知识体系中的什么位置。

水平思考

水平思考，顾名思义是从一个起点往很多个方向发散思考，是一种多角度的思考模式，可以帮助我们提升创意。

博赞先生称之为"Brain Bloom"，意思就是像开花一样地思考。实际上，老子在《道德经》中就说过："一生二，二生三，三生万物。"英国心理学家爱德华·戴勃诺博士（Edward de Bono）在其倡导的"创新思考"中也提出了水平思考法和垂直思考法的理念。

在思维导图法中，水平思考也好，垂直思考也好，都有自由联想和逻辑联想两种方式：自由联想，让我们的思考变得更有创意；逻辑联想，让我们的思考变得更为缜密。

自由联想+水平思考

现在，让我们先来看看自由自在的水平思考模式吧！

在这里，我放了一张以跆拳道为中心做水平思考的图片，围绕"跆拳道"有很多的主干，我们可以在每一条主干上写上自己的想法。

你会想到什么呢？请你先思考一下，将你的想法写到线条上面哦！写好后，再来看看我想到的内容吧！

钱

意志

防身

礼仪

先生

孩子

力量

帅

我首先想到了我先生，因为他是一位非常棒的跆拳道教练，并且开了两家跆拳道道馆。

然后想到了孩子，因为跆拳道道馆里有很多可爱的孩子。

接着又想到了力量，因为跆拳道充满爆发力的美感。

又想到了跆拳道练习者踢腿的样子很帅。

又想到了跆拳道是一个充满礼仪的运动。

还想到跆拳道可以防身。

想到学习跆拳道可以增强意志品质。

想到练习跆拳道需要花钱……

从这个例子我们可以看到，所有的想法都是从中心图上延伸出来的。这样由一个点想到很多个的思考，我们称为水平思考。

而刚才所有的想法都是我随心所欲、自由自在的联想，因此这是自由联想+水平思考。它可以提升我们的创意能力，让我们的思考更灵活，有更多可能性；也可以用于训练孩子的想象力，让孩子的思维变得更灵活、更活跃。

逻辑联想+水平思考

什么是"逻辑联想+水平思考"呢？带有逻辑联想的水平思考大多是有目的的，我们在实际的工作、生活和学习中都有所应用。

如果把跆拳道的例子改为逻辑思考，就要以一个实际用途为前提。

比如，要建设一个新的跆拳道分馆，应该考虑哪些问题？

我会考虑开在哪个地方，需要多少钱，什么时间开业最合适，要哪些人去管理，要招多少生源才能收回成本，道馆的场地面积，等等。

大小 地点 钱 人 时间

这些想法都是从实际需要出发，服务于实际情况，也会根据实际情况不同有不同的决定。

大多数人觉得在水平思考的时候会卡住，好像想了几个之后就再也想不到了。

这是很正常的事情，因为水平思考是从一个点出发做多个角度的思考。如果我们能提升这种多角度思考的能力，那么思考的灵活性、解决问题的能力就大幅度提升了。

打开思维的活口

那么，如何提升这种思维能力，打开思维的活口呢？

打开思维的活口，就是要给大脑一些提示，帮助我们找到新的思考方向。在这方面，我们的前人们总结了许许多多的模型，它们可以作为我们全面灵活思考的钥匙，起到"活口"作用。

比如，当需要分析自己的现状，制订下一步行动策略时，可以按照"SWOT分析法"思考优势、劣势、机会、威胁，一下子就厘清了思路，打开了思维的活口。

再如，当孩子们在写看图说话练习题时，按照"人、事、时、地、物、情"的思考模型可以帮助孩子很完整地想象出这幅图在表达什么。

又如，我们后面会讲到的各种针对策划活动方案的"八何分析法"，以及针对高效能决策的"双值分析法"等，都可以打开思维的活口，完善我们的思考。

想到这里，真为我们生活在这样的年代而感到幸运啊！已经有这么多先贤、伟人为我们留下了这么多宝贵的知识财富，让我们站在巨人的肩膀上，事半功倍。

回到刚刚"跆拳道"的例子，如果是自由联想，我们也可以用"六感"——触觉、听觉、嗅觉、视觉、味觉、感觉来思考我们能想到什么。当我们闭上眼睛让自己沉浸在练跆拳道那样的场景中，我们在这个场景中可以看到什么，感受到什么，闻到什么，听到什么，触摸到什么，如此一来，我们的思路就自然而然地打开了。

如果是逻辑联想，那么"八何分析法"——Why、What、Where、Who、When、How、How Much、How Feel也可以帮助我们完善思考。

这些思考模型，就好像在孤岛的四周架起一座桥梁，联络了周边的多座小岛，从多个角度、联合多种力量来探索，让思维更有力量、更为完善，也更有效率。

因此，我们要多学习、积累一些有用的思考模型，打开思维、厘清思路，从多角度思考问题。谁知道你会不会是下一个戴勃诺、下一个哈罗德·拉斯韦尔呢？

作业

动手做1：

看图，请以"梦想家园"为中心主题，来做做自由自在的水平思考吧！

动手做2：

同样是这幅图，请以"草原上的小房子"为中心主题，来做做逻辑模式的水平思考吧！

垂直思考

早在公元前4世纪，亚里士多德就提出了垂直思考法，英国心理学家爱德华·戴勃诺博士在"创新思考"中也提过。

垂直思考，顾名思义，就是从一个点出发垂直往下不断思考，就好像是流水一样。博赞先生将之整合运用到我们的思维导图法中，为我们提供了一个方便好用的思考工具，这真是一件非常了不起的事情。

与水平思考一样，垂直思考也可以分别结合自由联想和逻辑联想。

自由联想+垂直思考

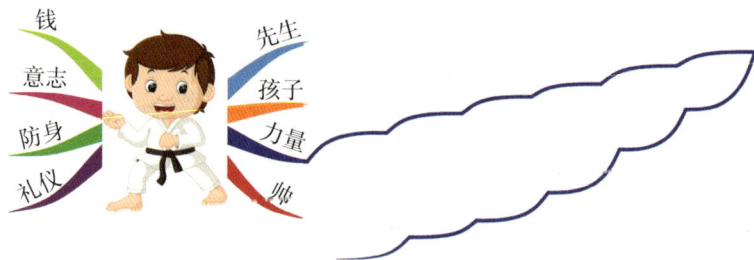

比如，我们用跆拳道的中心图做水平思考的时候，随机从其中一个想法进行持续深入的联想，就是垂直思考。这个思考没有目的性限制，可以自由联想，这就是自由联想+垂直思考。

书前的你也开动脑筋思考一下吧，看看从你的大脑中会产生什么样好玩的想法，把它们写到线条上面吧！

一起看看我的想法吧！我从==跆拳道==想到了==力量==，那么从力量又会想到什么呢？我想到了==巨人==，从巨人会想到==童话==，因为童话里总是有公主，我就会想到==公主==，想到公主就觉得她一定很==美丽==，想到美丽又会觉得自己一定要==减肥==，减肥就要==运动==啦，运动就会很==累==嘛，累了就想懒洋洋地==躺==在沙发上，想到这个姿势就会觉得很==好笑==，好笑又让我想到==相声==，最后又想到了相声演员穿的演出服装==长衫==，想到长衫就想到了==古人==。

像这样思考，有什么好处呢？

我们来闭上眼睛回顾一下，跆拳道、力量、巨人、童话、公主、美丽、减肥、运动、累、躺、好笑、相声、长衫、古人，这十四个词好像流水一样，从脑子里自动冒出来了。

所以，从这里我们可以看到，垂直思考可以帮助我们==提升记忆能力==！

如果不信，你也可以试试看，按照刚才的模式思考出十几个词，然后闭上眼睛回顾一下，是不是也可以回忆起来呢？

"最强大脑"和记忆大师，可以在短时间内记住大量信息，并自如应对随机抽考，并不是因为他们都有着超强的天赋，而是因为他们掌握了合理的方法，通过训练，才成为脑力最强者。

因此，只要掌握了方法并加以训练，你也完全可以做到哦！

为什么垂直思考模式，可以帮助提升记忆能力呢？

在记忆法中，有一个方法叫作==锁链法==，意思就是人为地在两个信息之间建立一个牢固的链接，让它们之间产生一定的联系，就好像用一个锁链把它们牢牢地锁在一起。

我们刚刚的垂直思考模式，就是如此。我们由跆拳道联想十三个词，每一个词语都是由前面的那一个想到的，它们之间有着强烈的==联想挂钩==，有着因果关系，因此，在它们之间就有着一条无形的记忆锁链，可以让我们轻松记忆和回想。

这就解释了为什么垂直思考模式可以提升我们的记忆能力。

不仅如此，它还可以==提升推理能力==，可以让我们在不知不觉中深入思考，找到答案！

有一次，我在武汉大学文学院跟新生分享思维导图。在分享思考模式的时候，在起点画了一所学校。然后请学生们一起思考，接着非常有意思的事情发生了。这些学生从学校想到了学习，又从学习想到了考试，从考试想到了挂科，从挂科就想到了劝退。接着就有人大喊"狗带，狗带"。我一时没想明白这个"狗带"到底是什么，此时武汉大学文学院的王怀民书记悄悄提醒我说："英文，英文，往英文想……"往英文想……Go die！去死！好吧，原来由劝退竟然能想到这么可怕的词。在这之后，他们又从去死想到了投胎，由投胎又想到了二胎。当然，学生们完全可以做到顺背如流和倒背如流。

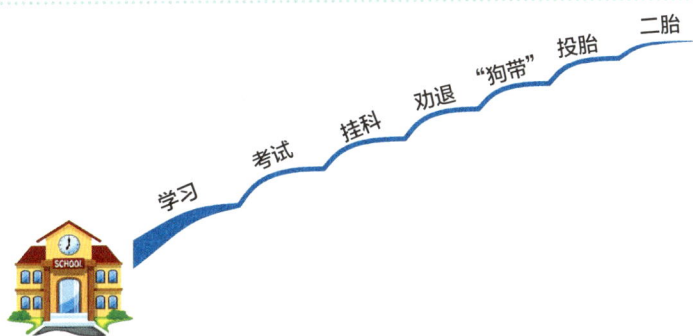

但从中我们也可以看到，这些刚上大学的学生说出"Go die"，虽然只是玩笑为之，但是也确实反映出了一些社会现象。现在的社会给学生太多压力了，家长过于注重成绩，虽然很爱孩子，有时候却没能正确表达，造成学生内心对学习的一些忧虑和恐惧。

当时武汉大学文学院的王怀民书记真的非常睿智，他站起来，以非常亲切的口吻对大家说："我们学校是一所学习氛围非常轻松愉快的大学，只要在学习上下了心思，就绝对不会挂科。即使挂科也可以重考，不用担心被劝退。"他还用非常幽默的话语化解了这份小尴尬，赢得了学生的好感。

从这个例子我们可以看出，用自由联想+垂直思考的方式深入思考，能找到我们内心深处隐藏的答案或问题背后的症结。

逻辑联想+垂直思考

以上两个例子的垂直思考，都是自由自在的、不受拘束的。但在现实中，我们做得更多的是需要贴合实际的、产生作用的思考，这就需要结合逻辑联想。

在做逻辑联想前，需要先想想目的是什么，也就是说，根据实际情况，在思考之前需要设定一个前提。

我们在逻辑联想+水平思考的时候做了新开一家跆拳道分馆的思考，垂直思考就是将思考的每一个点进行延续和深入。

比如，我就要考虑将分馆开在什么地方，是开在本地，还是外地？由于目前跨城市管理的制度还不够完善，我就开在本地吧！那么是考虑开在东区呢，还是西区呢？由于东区已经有两家分馆，西区还可以增加一个点，所以就在西区吧！那是开在购物中心，还是写字楼呢？购物中心人流量比较大，曝光度比较高，我们就放在购物中心吧！至于开在第几层，这似乎要跟商家具体谈一谈。如果可以，二层是很好的选择。

这就是逻辑联想+垂直思考，这种方式就是通过一层层思考，找到最后的答案。

作业

动手做1：

试着以"草原上的小房子"为主题，做一次自由联想+垂直思考吧！

动手做2：

试着以"草原上的小房子"为主题，做一次逻辑联想+垂直思考吧！

立体思考

不管是水平思考，还是垂直思考，如果思考的方向只是单独存在，那么在解决实际问题时都是收效甚微的。

只有当我们综合运用水平思考和垂直思考，将之形成既有横向又有纵向的立体思考，才能在广撒网的同时，择取最为贴近实际情况的点，再进行深入思考，将问题考虑得更全面，解决得更到位、更巧妙。

这就好比挖井，我们若在多个点浅浅挖之，很可能挖不到水源。如果只抓住一个点一直不断往下深挖，也可能挖不到水源。

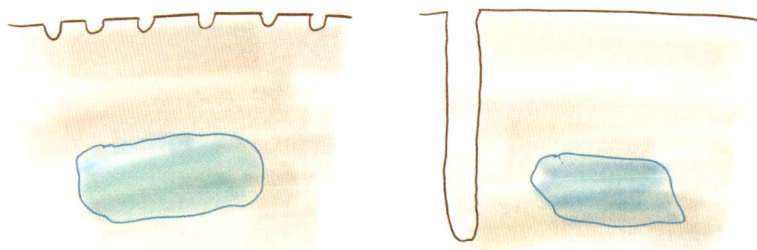

　　若是先从多个点入手对土质进行仔细分析，思考每一个点能挖到水的可能性，再对最可能挖到水的几个点向下深挖，就可以高效地找到水源。

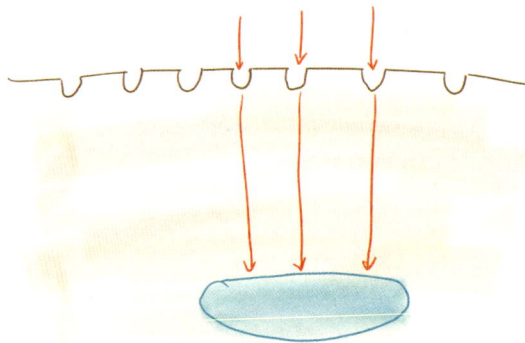

　　我们在解决问题的时候也是一样的。若是只看到表面问题，即便有多个角度的思考，也找不到本质原因。

　　若只是片面地思考，即便思考再深入，也难免失去方向，把握不了整体，也无法找到问题的核心所在。

　　只有多角度地思考问题，再结合实际情况分析出重点，抓住重

点继续发散思维、深入思考，才能找到核心问题，找到最有效的解决方案。

思维导图法恰好就是这样一个思考工具。它围绕核心，首先展开主干（做水平的发散思考），再从每一个主干展开到支干（结合水平思考和垂直思考），层层剖析。

思维导图每一根线条上的想法都可以往四周发散，也可以向下垂直思考，因而让思考可以随着我们的想象力无穷无尽地发散，同时又可以根据实际情况来做重点的择取和收敛。

这样立体的思考模式，可以帮助我们完善解决方案，拥有更独特的思维创意。

二、分类

分类的重要性

说完思考的方向，我们要来了解一下分类，分类是人类智慧的基础。

试想一下，如果书店、图书馆里的书没有分类，那么我们如何能在千万本书中找到需要的那一本呢？

如果政府部门没有职能划分，那么我们需要办理身份证的时候，根本不知道应该去向何处。

小到家中的衣柜、碗柜，都会尽量分门别类地整理放置，因为每个人都知道，只有做好分类才能让我们可以更轻松、快速地找到自己想要用的物品。而这样一来，整个空间也更加赏心悦目，心情也会更为愉悦。

外在的世界如此需要分类，那么我们内在的知识管理呢？

如果我们对知识有一个很好的管理体系，那么我们的记忆和理解就会变得更容易，思考问题也就更快速和灵活了。

因此，做好分类对于每一个人来说，都是非常重要的。

实际上，我们小的时候就已经接触到这个概念了。幼儿园和小学的数学课上，老师常常会问我们，在以下事物中，哪一个与其他不同？请把它挑出来。这时，我们往往会根据事物的不同属性、形状、颜色、大小等选出那个最为特别的。这就是我们认识事物分类的基础。

有研究表明，从孩童时期开始掌握分类的技巧有助于我们提升理解能力、记忆能力和推理能力。擅长分类的人，总是能快速地说出事物的要点，对事情的逻辑脉络掌握得非常清晰。

分类的原则

那么，我们如何更好地分类呢？

曾经在麦肯锡公司担任顾问的芭芭拉·明托提出的"金字塔原理"，是一个可以让大家思考更为清晰的方法。芭芭拉·明托已经在全球各地为许多知名的公司讲授，并将它引入哈佛商学院、斯坦福商学院、芝加哥商学院、伦敦商学院以及纽约州立大学等著名院校。

金字塔原理的核心理念就是MECE分类原则。

ME就是指Mutually Exclusive（各部分之间相互独立）。

CE指的是Collectively Exhaustive（所有部分都完全穷尽）。

我们举一个简单的例子来说明。

比如，我们家有外公、外婆、我先生、我、大儿子和小儿子。

如果按男女分类，我们每一个人都可以找到自己的分类，不会有交叉的情况，这就符合了ME（互斥）原则。而这两个分类合起来，就包含了我们一家人。也就是说，这样的分类是没有遗漏的，它符合了CE（穷尽）原则。

但如果按老人、儿童、男性分类，那么外公既可以在"男性"这个分类下面，又可以在"老人"这个分类下面。孩子也是，既可以在"男性"分类下，又可以在"儿童"分类下。一旦某个事物有两个分类，就不符合ME（互斥）原则了。

在这个例子中还有一个问题，就是"妈妈"不知道应该归到哪一个类别。因为"妈妈"既不是男人，也不是儿童，更不是老人。所以这样的分类出现了遗漏，没有让每一个人都有"家"可归。因此，这是不符合CE（穷尽）原则的。

从这个例子我们可以看到，解释MECE原则最为简单的一句话就是让需要归类的事物"有且仅有一个家"。如果有两个家，就违背了ME原则；如果没有家，就违背了CE原则。

分类的标准

在训练分类的思路时，我们要尽可能地多思考，只要做到MECE就可以了。但在实际的工作和生活中，分类的标准需要根据事物的目的确定。

比如上述的例子，如果我们去游泳池的更衣室，那么大家就会自然地按男女分类，因为这样最简捷，也最容易操作。

可是，如果我们是假日休闲，把一家子强制按男女分开就不适合了。这个时候家人可能会根据不同的心性喜好选择不同的项目，老人可能喜欢去老年活动中心、老年大学找老朋友，爸爸妈妈可能喜欢带着孩子一起去游乐中心或者去大自然采风。也有可能，一家子喜欢聚在一起享受天伦之乐。

如果是工作日，我们就可以按幼儿园、小学、工作场所和家等地点来分类。

因此，分类需要符合"穷尽""互斥"原则，却没有一个固定的标准，同样的事物可以有多种分类。

在这些分类中，一定会有一种最为适合当前情况的，或者对于事物的发展最为有利的。

在工作中也一样，如何在不同的场景、不同的事件下，选择最为有效的分类策略，是我们需要不断学习和努力的。

总而言之，分类就是我们对世界认知的角度。分类的标准越多，我们对分类对象的认知就越全面。同时我们的思维也能得到训练，构建不同的框架结构。

在思维导图法中，每一个水平思考，都在进行分类。

比如我们做读书笔记时，面对同一篇文章，有些人可能用"总、分、总"这样的文章结构分类，有些人可能用"时间、地点、人物、事件、感想"进行分类，有些人也可能只拣出自己关心的几个要点，等等。

从这个意义上说，思维导图法真是一种极具魅力、个性化和多元化的工具。因为我们的大脑本身就具有创造性、独特性，而思维导图就是将我们大脑的思考过程形象化地呈现出来，从而让创作者和阅读者都能直观地看到思考的过程，也让我们发现更多不同的角度，发现问题的本质，找到更多解决问题的途径，创造无穷无尽的可能。

作业

动手做1：

如果你是一位小朋友，试着对自己的玩具进行分类整理吧！把它们分门别类地放置，看看是不是查找起来更为方便，你的心情也更为愉悦了呢？

动手做2：

如果你是成人，试着对自己的书或者文档进行大整理吧！

做好后，可以将你的思维导图发送到微信公众号"玉印思维导图"，并记得告诉我你的感受哦！你的作品将有机会得到点评，并有机会成为下一本书的案例哦！

三、关键词

做这些作业时，你是不是有这种感觉：好累啊，这么多书和玩具，感觉整理不完啊！

既然如此，我们接着学习这一节——关键词（keyword），看看我们如何通过关键词进行更好的取舍吧！

关键词在思维导图心法中占有重要的位置，可以说如果将关键词和BOIs两个点搞清楚，那么对于思维导图的理解和运用基本上可以过关了。

在这一节，我们将从关键词的<mark>选择</mark>、<mark>原则</mark>和<mark>检核</mark>三个部分讲述。

选择

在思维导图技法中，我们讲了文字应短小、精练，而不是一整句话。

也就是说，在思维导图主干和支干上的文字是体现事物的关键词。通过这些关键词，我们就可以快速地了解事情的概要。就好像是我们拎住衣服的领子和肩，就能看到整件衣服的全貌。

那么，关键词有什么特点呢？在我们选择关键词的时候，有哪些原则可以遵循呢？

我将从<mark>词性</mark>、<mark>位置</mark>两个方面来解说。

词性

在选择关键词的时候，我们可以着重从名词和动词两种词性的词语中选择，其次才是数字，偶尔也会有形容词。

我们举两个案例感受一下。

（为方便说明，我们先从简单的文字来练习，我择取了人教版小学三年级上册的一篇课文《赵州桥》中的一段，我们一起来看看。）

《赵州桥》片段

河北省赵县的洨河上，有一座世界闻名的石拱桥，叫安济桥，又叫赵州桥。它是隋朝的石匠李春设计和参加建造的，到现在已经有一千四百多年了。

这段话中的名词有：河北省赵县、洨河、安济桥、赵州桥、隋朝、李春。动词有设计、建造。

再对这些词语进行整理分类，就可以得到以下信息：

地点：河北省—赵县—洨河

类型：石拱桥

名称：安济桥、赵州桥

年代：隋朝

建造者：石匠—李春

我们可以发现其实通过这些名词和动词，就对这段文字有了很全面的认知，并且通过整理和分类，对这段文字的理解也进一步加深了。

此外，如果"一千四百多年"这个数字在考试中考到，那么我们再把这个数字加上就可以了。

再来看一个案例，这是从MBA联考参考书中择取的一段论说文，我们一起练习一下。

审题立意——《小鸟飞越太平洋》

根据以下材料，自拟题目写一篇700字左右的论说文。

自然界有一种鸟，它能够飞越太平洋。你也许想不到，小鸟能成功飞越太平洋，靠的就是一节小树枝。在飞行中，这种小鸟把树枝衔在嘴里，累了就把树枝扔到水面上，然后落到树枝上休息一会儿，饿了就站在树枝上捕鱼。就这样，它成功飞越了太平洋。

资料来源：《管理类联考与经济类联考综合能力协作高分指南》（2018年高教版）陈君华编著

大家都知道，这道题需要我们审题立意写论说文，第一步的审题是最为重要的，仔细审题，紧抓关键立意，才能得出高分。如果没有抓准重点，那么很可能在立意上就失去了得高分的机会，方向错了，文采再好也不可能得到一类分。

那么我们根据名词、动词为主，形容词和数字为辅的关键词词性标准找出这段文字的关键词。

我们可以看到，这段文字中最为重要的几个名词有：鸟、太平洋、树枝。

最为重要的动词有：飞越、休息、捕鱼。

通过对以上六个关键词的整理，我们发现这段文字主要说的是鸟利用树枝来支撑自己休息和捕鱼，飞越了太平洋。

我们再来看看这段文字中的形容词，其中最为重要的就是分别来形容鸟和树枝的"小"字，文字通过"小"鸟和"小"树枝，对比太平洋的"大"，突出小鸟飞越太平洋的不容易，体现小鸟利用很小的工具取得了很大的成功。"小"说明工具不一定要很大，只要合适，就可以帮助我们取得成功。

如此一来，通过简单地提取关键词，我们就找准了该段文字的核心，找准了立意，接下来写文章就容易多了。

从以上两个案例我们可以看出，找到名词和动词，就相当于已经找到了事物的核心。那么，为什么是名词和动词在所有词性中最为重要，而不是其他词呢？

来自新疆的一位资深语文教师李泾慧，是我们文魁大脑思维导图管理师认证班第九季的毕业生，她对于名词和动词为什么如此重要，有着自己独到的见解，我认为她分析得非常到位，因此我整理后放在这里供大家参考。

首先说名词。 其实人们在认知事物时，最为重要的一点，就是名词。

我们每个人出生后，大人都会教孩子说爸爸、妈妈，或者呼唤孩子的名字，或者指认物品。所以，我们每个人最先接触到的就是名词，我们通过名词认知世界。

名词又分为具体名词、抽象名词。

具体名词是用来表述事物的名称，比如刚刚说到的爸爸、妈妈、名字等。这些具体名词的作用是，当我们听到一个词语时，脑海里就会出现和这个词有关的一切。

而我在画思维导图的过程中，发现所有的主干出现的词语，绝大多数都是抽象名词，比如动机、目的、方式、行动等。事实上，我们在概括这个思维导图主干的过程中往往需要提炼，这些提炼出来的名词就是抽象名词。而对具体的事物进行提炼的过程，恰恰是我们对所有信息进行整理的过程。

比如，我现在脑海里面出现的就是庄晓娟老师绘制的关于思维导图公开课的听课笔记。我记得庄晓娟老师第一点写的是"为什么"，我把它概括为"动机"；第二点是"诞生"，我把它概括为"起源"；第三点是"注意事项"；第四点是"法则"；第五点是"笔记术"；最后提到的是"应用"。其实仔细看这些词语，会发现它们都是抽象名词。只有第五点"笔记术"是具体名词。

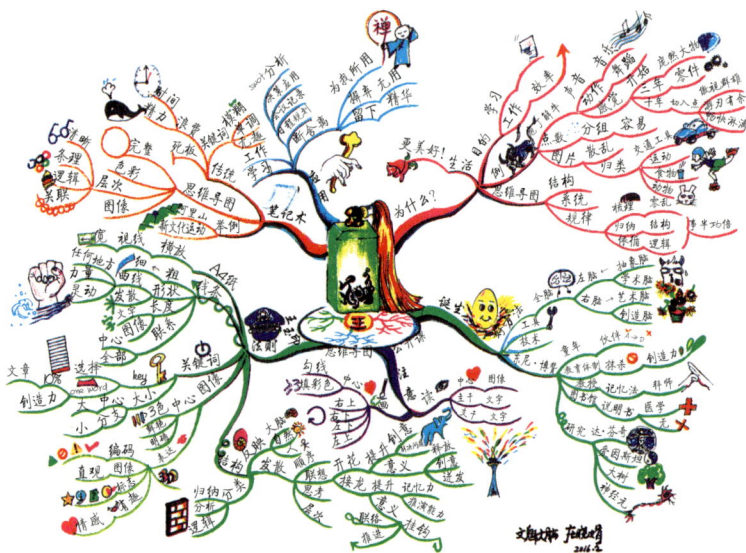

《听课笔记：玉印老师思维导图公开课》 绘制：庄晓娟

玉印评：

庄晓娟老师是一位非常优秀的思维导图实践者，在听课时能快速反应，并同步绘制思维导图，非常难得。庄老师这张思维导图给人的第一感觉就是非常美，但因为是庄晓娟老师的早期作品，所以在逻辑上还是有可以再仔细思考的地方，如果能如李泾慧老师所说的用"动机、起源、注意事项、法则和应用"作为主干，逻辑会更严谨。而"笔记术"可以归纳到"应用"的下面，作为一个分支阐述。

我们为什么强调抽象名词很重要呢？因为用一个名词把需要进一步解说的内容进行一个概括，在这过程中，信息就变得越来越清晰和明了了。实际上，这就是我们对于事物和资讯的分类。这时，我们就会发现抽象名词的重要性。

我们会发现，思维导图中，关键词大多是名词和动词，在教学生语文的过程中，抓中心含义、抓重点时，也往往是从名词和动词中抓取。

其次是动词。我们会发现当说完名词之后，比如"动机"，它依然只是一个抽象概念，我们要把这个概念记在脑子里，还需要行动的支撑。所以"行动"又可以把它分为思维活动和具体行动。

比如，在学习思维导图的"动机"背后，有一点是"思维导图让生活更美好"，那么"让生活更美好"，就是我们对这件事情进行展望之后呈现出来的，是一种思维活动。

思维导图就像一个风向标，告诉我们风朝哪边刮，我们要借助风的力量前行。也就是说，当一个名词的概念形成后，那么动词的作用就是让这个概念落到实际行动当中。

最后总结一下，名词就是我们的意念，就是我们心中的那个想法，也就是我们的目标。这个目标就像金字塔上最高的那个点，金字塔一定是所有的力量都会集中到核心的点上，像渔网一样，纲举而目张。动词是对名词的一个支撑。如果没有具体的行动，那么前面所有的名词都会是空的。所以，我认为在思维导图当中，可以用"思想"和"行动"两个点来解释动词和名词。再通俗一点讲，就是想到和做到的问题。

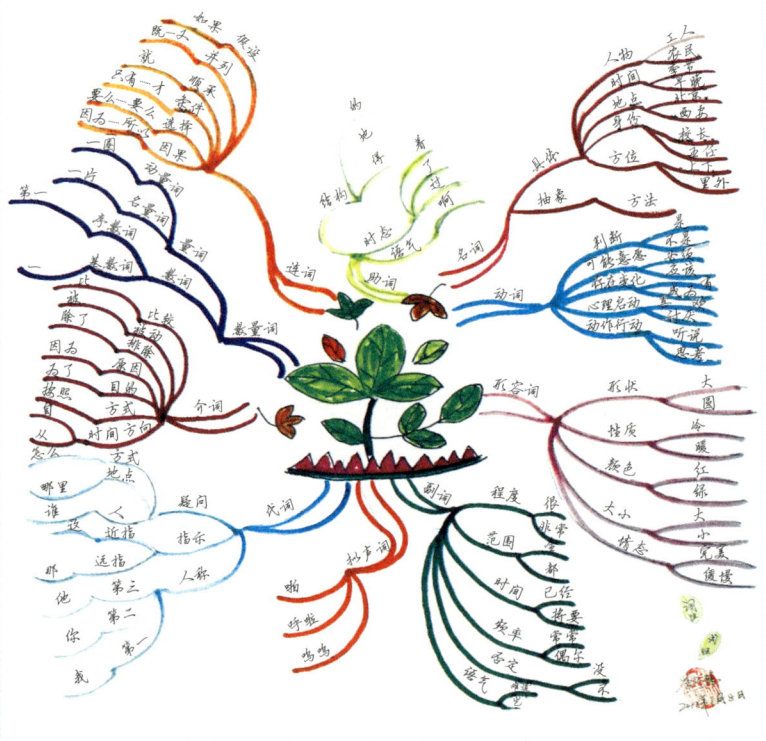

　　看了李泾慧老师的解说之后，大家对于名词和动词的重要性是不是有了进一步的理解呢？

　　了解了词性的部分，接着让我们看看"关键词"一般会潜伏在哪些地方吧！

位置

　　除了词性以外，我们还有什么方法可以把潜伏在一大堆文字中的

关键词找出来呢?

方法是有的,我们可以从文章中的关键节点上去找一下思路。

①小标题法

小标题法很简单,许多条理比较清晰的文章都会给重要内容标注小标题。这些小标题往往是非常关键的词。比如,这一部分中的几个"法"就是查找关键词的重点位置。

还有一些文章会有第一是什么、第二是什么的文字,这些节点后面往往也是关键信息。

②关键句法

在"因为……所以……""因此""结论是"等词语后面的内容也往往是关键信息。

除了可以通过以上方式查找关键词,我们还可以通过一些思考模型来快速检索。

③金字塔原理

在一些论说文中,按照金字塔原理由主到次,抓住论点、论据,也往往就抓住了关键词。

④八何分析法

还有一些叙事文、说明文等,可以用八何分析法(Why、What、Who、Where、When、How、How Much、How Feel)来思考。

八何分析法不仅可以用来解读文章,也可以用来写作文、制作方案等,是一个非常实用的方法,在"武林计划"中,被称为"万金油"。

总之,我们可以根据不同类型的文章选用不同的模型。事实上,凡是可以用来作为输出的思考模型,都可以反过来追溯它,用它去解读文章。

⑤SWOT分析法

比如职场中的工作汇报，我们可以看看是否适合用SWOT（Strengths、Weaknesses、Opportunities、Threats）分析法，来分析优点、缺点、机会和威胁，也可以用SABC（Subject、Action、Background、Conclusion）来查找有哪些是关于主题的关键词，有哪些是属于行动的关键词，有哪些是关于背景的，有哪些是关于目前打算的，等等。

实际上，所有的模型都可以用来找关键词，因为这些模型本身就是前人总结出来用于思考问题的纲领。所以，只要用合适的方法分析事情就可以了。

原则

我们知道如何找关键词后，再说说选择关键词的原则。

这里必须提到的是，在思维导图法中非常重要的一个原则是"一线一词"（one word），就是说主干或者支干的每一条线上只能有一个关键词。说到这里，可能大部分人都会觉得这个概念好熟悉，但对于究竟为什么要做到"一线一词"，以及具体的要求是什么，明白的人却不是很多。

我们在这一章节中的任务，就是把这两点搞明白，真正奠定思维导图法的基础，为思维更严谨、更有创意打下基础。

"一线一词"的要求

在思维导图法中，我们在每一根线条上写的文字，就是一个最小的概念。

不管是一个字还是一个词，它都必须是一个能描述物体、动作或者思想的最小概念。

比如"杧果"，虽然是两个字，但它是一个词，是一个最小概念，如果我们把它分成"杧"和"果"，我们就没有办法想到杧果这个美味的水果了。

但如果说这是一个"大杧果"，请你来思考一下，这个词是否属于"一线一词"呢？

答案是否定的，因为"大杧果"的"大"，是用来形容杧果的，如果去掉这个"大"的时候，我们脑海中还是可以浮现出杧果的形象。因此，"大杧果"是由两个词组成的，不是一个最小的概念，并非"一线一词"。

那么，我们为什么非得要求"一线一词"做到最小概念呢？这样做有什么好处呢？

"一线一词"的好处

实际上，我认为"一线一词"的好处有两点：

第一，可以帮助我们最大限度地发散思维，让思考变得更加多元化。

第二，通过核心词汇构建思维，可以让思维更为严谨、更为灵活。

比如，我们把"大杧果"分成"大"和"杧果"两个词，并按思维导图的方式画出来的时候，脑海中会不会情不自禁地想填上那些空格呢？

我相信绝大部分的读者会不由自主地在脑海中蹦出一个字——小。

那么，对于杧果，除了想到大和小之外，你还会想到什么呢？请你开动脑筋，再想想，把上图的线条都填满吧！

一起来看看我想到了什么吧！

我想到了甜杧果、酸杧果、海南杧果。当我想到海南杧果的时候，就不由得想起我们全家去海南旅游的时候，看到果农摘杧果的样子；又想到我们去买杧果时，果农卖杧果的情形。我还想到了杧果可以做成我儿子最喜欢吃的杧果千层和杧果干。

看，当我们把"大杧果"视为一个整体的时候，我们脑海中浮现的是一个大大的柚果，此时，脑海中已经对事物有了一个定义，有了一定的局限。

可是，当我们把"大柚果"分解为最小单位的时候，思维就有了无限拓展的可能性，"脑洞"也随之打开了，很多原来没有想到的词开始一个劲儿地从脑子中蹦出来了，不是吗?

"一线一词"的误区

切勿严格过度

看到这里，相信大家对什么是"一线一词"，为什么要遵循"一线一词"已经有一定的了解了。

接下来，我们来看一张思维导图，是我们第一季"武林计划"学员杜星默绘制的，对于图中的文字是否符合"一线一词"，在第一季"武林计划"的学员群里曾展开了一次激烈的讨论。

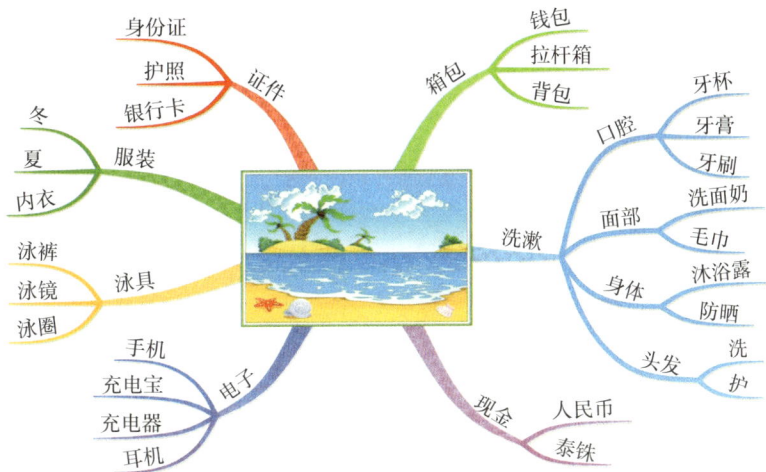

当时讨论的起始是，星默发了这张图后，有学员就评论说："星默，这幅图不符合'一线一词'的要求！"

现在，请你来一起看看，这张思维导图中是否有不符合"一线一词"要求的地方？

我们来看看这位同学的理由。

这位同学认为的泳镜、泳衣、泳圈既然已经在泳具的下面，就可以去掉"泳"字，只留下"镜""衣""圈"就好了。

事实上，如果去掉"泳"字，我们虽然也能从"泳具"明白意思，但是在理解上反而造成了一些麻烦，会让我们的脑子有一个反应的过程。因为"镜""衣"太多了，此处指的是什么呢？单看"圈"字也不容易想到可以救命的泳圈啊。

泳镜、泳衣、泳圈能让我们一下子明白，因此，当我们是特指某样事物的时候，不要太过于纠结。

思维导图法的作用是让我们更高效地思考，因此，一切都应按照最容易让大脑理解、记忆和创造的方式进行。如果过于纠结，反倒是钻牛角尖了。

勿以字数判断

有一些学员曾经问我："老师，我听说'一线一词'，是指每条线上的文字不要超过四个字，这样的说法对吗？"

这样的说法是不正确的。我不知道这个说法产生的源头在哪里，但无论如何，判断一个词是否为关键词，与字数是没有关系的。

前面说过，"一线一词"要求做到每一根线条上的文字都是最小的概念，它可以是一个字，也可以是一个词，甚至可以是一个成语，只要它表达的是一个最小的概念。

我们来举个例子说明，许多外国人的名字都超过四个字，是否就要把名字生生拆开呢？拆开后还知道是这个人吗？

再如，"此地无银三百两"是一个成语典故，它也是"一线一词"，因为它代表了一个概念。

从这个例子可以看出，凭字数来判断是否为"一线一词"的做法是不可取的，还是应该以是否为最小概念做判断。

生活中的"一线一词"

前文中，我们用"杧果"这个例子讲解了关键词之所以要遵循"一线一词"，是因为这样可以让我们更好地发散思维和整理思维，让我们的思考更加灵活。

事实上，在生活中也有很多例子可以佐证，越短小的，往往越灵活。

我们来试想一下，是用肘关节去夹起一瓶矿泉水比较容易，还是用两根手指比较容易？一定是用手指会更容易，对吗？

为什么呢？因为我们的肘关节是大关节，手指关节是小关节，短小的指关节灵活性强，做动作容易。

我们再来回想一下，我们用百度搜索引擎搜索的时候，大家是搜索一整句话，还是几个关键词？

大部分人会说关键词。因为用关键词搜索出来的相关内容会更多。

那么，当我们要给到互联网短小的指令，以求更多可能性的时候，为什么不给大脑也输入同样短小的指令，让大脑也能自然而然地产生更大的可能性、更多的创意呢？

到这里，关键词原则就已经讲完啦。

如果你掌握了这一点，就已经为学习思维导图法打好了扎实的基础。

检核

我们了解了如何找关键词和要遵循的原则，那么怎么才能知道自己找的关键词是否正确呢？如果我们和别人找的关键词不太一样，是不是就有人不对呢？

实际上，哪怕是同一篇文章，或者同一个会议，每个人找的关键词也不一定都是一样的。因为每个人看问题的角度不一样，学习目标、做事目的不一样，而且每个人的知识积累也不同，所以我们关注的点也不会完全一致。

因此，找关键词没有绝对的标准，只有是否适合自己，是否适合当前的需求。

这样来看，要知道自己找的关键词是否正确，我们只要以倒推的方式来检验、核实一下就可以了。

如果是读书笔记、会议笔记，我们可以看着找出的关键词回想文章的内容，回想会议的内容或者课程的内容。如果不能回想得全面，就看看哪里需要补充。

如果是解决问题，就看这些关键词能否让我们将问题都解决到位。如果没有，就补充。

如果想应对考试，就需要根据老师讲解的要点、考点来复习。

四、BOIs

现在要讲心法的最后一个重点——BOIs了。

BOIs是博赞先生提出来的一个概念，由Basic、Ordering、Ideas三个单词首字母组成，意思是<mark>建立想法的基本结构</mark>。

想法的基本结构，说起来很简单，但是到底应该如何建立呢？孙易新博士指出，BOIs是指我们的想法不仅要进行分类，还要进行分层。也就是说，分类要阶层化。

我认为，如果要细致讲解，BOIs应该分为两种情况，第一是将大脑中的信息更好地输出，第二是将外界已有的信息加以整理。简而言之，就是在<mark>输出</mark>和<mark>输入</mark>的时候，都需要用到分类阶层化。

我们在实际应用时，可以结合<mark>输出和输入</mark>两种思考模式，既有归纳，又有发散，最终呈现出有条理又有创意的结构化思考。

输出应用——发散思维，完善思考

我们在思考问题时，总会觉得思维好像被卡住了，似乎平时有很多想法，可是一到用的时候，就一片空白，大脑中萦绕着许多无奈而痛苦的词语，诸如绞尽脑汁、才思枯竭、江郎才尽……

实际上，我们可以用一个简单而有趣的办法来改变这种情况，让思考变得更有创意、更加完善。

在讲解这个办法之前，先用一个最为简单的例子来测试一下你的思考能力。

如果用"鞋"组词，一分钟之内，你可以想到多少个？5个以内、10个以内，还是20个以内？

如果你想到了10个左右，或者20个，那么，恭喜你，你的思维拓展能力还是非常不错的。

如果说你只想到了5个以内，那么，也要恭喜你，你的进步一定是最大的。

其实这个案例，是我大儿子告诉我的。

一天，他去上幼小衔接班。一大早起来，他非常高兴地背着书包就出发了，临走时还很兴奋地跟我说："妈妈，我终于要摆脱幼儿园那种小朋友的生活，成为一个小学生了！"

可他回来的时候，却耷拉着脑袋，无精打采的。我心想，坏了，第一天上学就这样，然后和声细语地问他："宝贝怎么啦？"

只见他愤愤地摔下书包："上学不好玩！要做作业的！"

"做什么作业呀？"我忍住笑问他。

"组词！用鞋子的'鞋'组词！"他没好气地说。

"那你组了多少个呀？"

"3个！"他气鼓鼓地说。

"哇！你那么厉害，竟然可以组3个！"

他白了我一眼："有什么厉害的，老师说要组5个！"

当时，我就拉着他说："宝贝，我们用思维导图法做一下怎么样？看看可不可以做出5个来呢？"

"就是用彩色笔的、像画画一样的那个？好啊好啊！"

于是，我们就用思维导图法中的BOIs来做。好，我们现在就一起学习一下这个方法的步骤吧！

思考步骤

第一步：捕捉零散的想法

首先，我和儿子一起在中心图位置绘制了一双鞋子。绘制好后，我问他组了哪些词，他说他先想到了"皮鞋"。于是，我从中心图绘制出一条主干，并把"皮鞋"写在分支上。请注意，这里并没有放在主干上，而是放在了分支上。

皮鞋

第二步：上归大类

此时，我问他，"皮鞋"的"皮"是不是鞋的材质？他思考了一会儿，点点头说："是的，是材质。"

于是，我在皮鞋前面的主干写上了"材质"二字。

材质　皮鞋

第三步：中找同类

当我们写下材质之后，如果再从材质延伸几条分支，发散思考，你想到了什么呢？把它们填写到空白的线条上面吧！

或许，我们还会想到布鞋、草鞋、橡胶鞋等，脑洞再大一点，还会有玻璃鞋、水晶鞋、铁鞋，甚至金鞋。

所以上归大类的好处是，通过一个点，想到一个面，想到一个集合。

第四步：不同类项再归大类

尽管我们知道此时正在想不同"材质"的鞋子，但在脑海中或许会冷不丁地冒出"运动鞋""雨鞋"等。

这并不奇怪，因为思维是跳跃性的，会时常跳到其他想法上。就好像朋友聚在一起聊天的时候，明明大家都在说今天的菜真好吃，有人却突然谈到其他的事。

思维导图法的好处是，尽管思维是跳跃性的，它依然可以组织成条理分明的逻辑结构。它可以允许我们的思考在主干和支干之间跳来跳去，随意切换，依然可以保持逻辑的严谨性。

比如，"运动鞋""雨鞋"是根据鞋的功能分类的，因此应该归一个大类叫"功能"，将它们统一放在"功能"的下面。

有了"功能"这个大类后，你又可以从这里想到有"棉鞋""沙滩鞋""雪地鞋"等。

再如，你可能还会想到高跟鞋，这是根据什么来分类的呢？跟高？跟高是不是鞋的款式呢？所以又归出一个大类，叫"款式"。

此时脑海中又跳出一个词：红鞋，红是颜色，想到颜色，红、橙、蓝、绿、黄……太多太多了。

现在，1分钟内组50个词语，你还有压力吗？

第五步：下分小类

刚才我们讲了上归大类、中找同类，现在我们要讲下分小类。

刚刚想到的运动鞋，是否可以进行分类呢？

运动鞋分为球鞋、登山鞋、舞鞋……

球鞋还可以往下细分为篮球鞋、网球鞋……

篮球鞋　乒乓球鞋
网球鞋　球鞋
　登山鞋　运动鞋
舞鞋　雨鞋
跑鞋　棉鞋　功能　材质
沙滩鞋
雪地鞋

皮鞋
布鞋
草鞋
橡胶鞋
玻璃鞋
水晶鞋
铁鞋
金鞋
……

大家看，我们只要有一些想法，就可以往前追溯到大类，又可以思考同类项，还可以发散思考小类。如此一来，我们的思考不仅有了归类，还有了分层。也就是这样的分类和分层，让我们的创意自然无穷无尽，又极具逻辑性。

回顾一下发散思维的五个步骤：

①捕捉零散的想法；

②上归大类；

③中找同类；

④不同类项再归大类；

⑤下分小类。

如果将思考比作一团毛线，这五个步骤就是找出线头的方法，将这五个步骤整合起来，就是一句口诀三个方向——上找大类，中找同类，下分小类。通过这句口诀，通过这三个方向，我们可以快速把思考的结果有条理地呈现出来！

现在请你念着这句口诀，按照三个方向进行思考，把这些空都填满吧！当然，如果你有更多的想法，可以用彩色笔画线把它们接续上去哦！加油！感受一下思维迸发的喜悦吧！

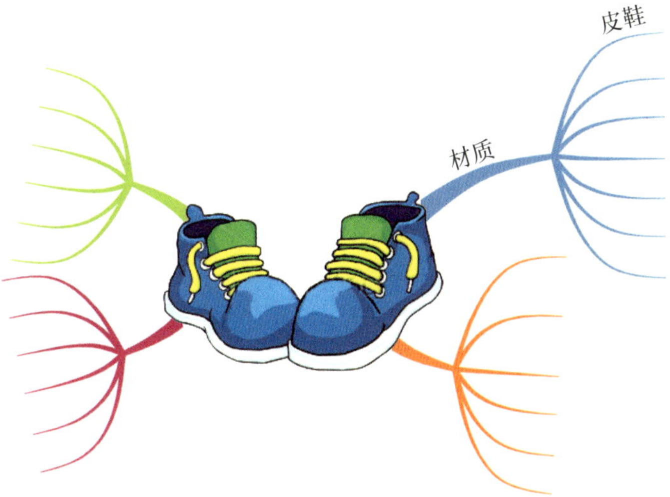

皮鞋

材质

BOIs在工作中的应用

前些天，我练习普通话的时候，读到这样一个故事：

两个同龄的年轻人受雇于同一家店铺，并且拿着同样的薪水。

可是一段时间后，叫阿诺德的小伙子青云直上，而叫布鲁诺的小伙子却仍在原地踏步。布鲁诺很不满意老板的不公平待遇，终于有一天到老板那儿发牢骚了。老板一边耐心地听着他的抱怨，一边在心里盘算着怎样向他解释清楚他和阿诺德之间的差别。

"布鲁诺先生，"老板开口说话了，"你现在到集市上去一下，看看今天早上有什么卖的。"

布鲁诺从集市上回来向老板汇报说，今早集市上只有一个农民拉了一车土豆在卖。

"有多少？"

布鲁诺赶快戴上帽子又跑到集市上，然后回来告诉老板一共有四十袋土豆。

"价格是多少？"

布鲁诺第三次跑到集市上问来了价格。

"好吧，"老板对他说，"现在请你坐到这把椅子上一句话也不要说，看看阿诺德怎么说。"

阿诺德很快就从集市上回来了。向老板汇报说到现在为止只有一个农民在卖土豆，一共有四十袋，价格是多少；土豆质量很不错，还带回来一个让老板看看；这个农民一个钟头以后还可以弄来几箱西红柿，据他看价格非常公道。因为昨天他们铺子里的西红柿卖得很快，库存已经不多了。他想这么便宜的西红柿，老板肯定会进一些的，所以他不仅带回了一个西红柿做样品，而且把那个农民也带来了，他现在正在外面等着回话呢。

此时，老板转向了布鲁诺，说："现在你肯定知道为什么阿诺德的薪水比你高了吧！"

——选自张健鹏、胡足青主编《故事时代·差别》

如同这个故事，在日常的工作或者生活中，你或许也遇到过这两种人。

有一种人行事风格是"点一点、拜一拜"：老板说一点，他做一点，说两点，他就做两点，绝对不会主动做事，有的时候甚至交代好的事情还要打个折扣。

而另一种人则十分积极主动，似乎有着一颗七窍玲珑心。他们总是能在别人提出问题或要求之后，就想到与之相关的方方面面，并且安排得井井有条，恰到好处地请示上级。这样的人在职场中更容易崭露头角，在人生中也往往左右逢源。

我相信每个人都希望有一个像阿诺德一样的下属或者同事，可以很放心地交代他去办事，因为知道他必然会最省事，让结果最圆满。每个人也希望自己可以成为这样的人。

那么，如何能像阿诺德一样周到全面呢？

我认为行事积极主动是前提。行事风格可能是由个人的心态、见识或者品性决定的。不计较眼前得失，不是那么"精明能算"的人，往往会更主动一些。

我记得有人跟我说过一句话："有多少奖金，就做多少事情。"这样的观点，我是不认同的。不管在什么岗位，拿多少薪资，只要在职位一天，就竭尽所能做好一天的事情，才能对得起自己、对得起岗位、对得起身边的人。

在主动积极的前提下，方法才会起到作用。苦于自己思考不够完善的朋友，可以借鉴一下BOIs的思考方法。

几年前，我还在医院工作的时候，负责单位的文化和宣传。记得当时，我们单位建设了一家新的分院，恰好基建工作即将完成，我的上级嘱咐我说："现在可以着手制作医院门面的标识了。"

作为职场精英来说，我们一定会把这个待办事项记下来，以便后续进行安排。

而我们作为学习过思维导图法的职场精英，会在上级安排的时候找出关键词，然后用BOIs的方法完善思考。

这句话里的关键词是"门面标识"。

你可能提出，"门面"和"标识"应该是两个词，为什么放在一起呢？这个问题问得非常到位，说明你对"一线一词"已经有了一定的理解。

实际上，这里就涉及"一线一词"的灵活应用了。

在这个地方，如果我们要做的只是这一样物品，就可以视为一个概念。

但是，如果要制定一个整体标识系统，就要把"门面"和"标识"分开。因为，从整体上考虑，除了门面需要做标识，我们还需要做哪些？此时应该以"标识"为起点思考。

当我们找到了关键点之后，要做的就是围绕这个点，展开思维、完善思考。

一般来说，我们要制作或者购买一样物品的时候，首先想到的可能是它的质量如何、价格多少。

当我们脑海中有了这些信息时，就可以抓住这些点归类。质量，似乎是一个很大概念的词，如果没有办法再归大类，我们姑且先放在主干上。有了大类，再来分小类，质量可以包含什么呢？是不是有产品的质量、服务的质量？

那么，价格可以归于哪个大类呢？钱？如果是钱，这个大类下面，除了价格还会包含什么呢？支付方式？

试着思考一下，如果是你，你会考虑哪些呢？把这幅空的图填满吧，又或者你想到了更多，也可以接续上去。

好，一起来看看，我当时思考到的内容吧！

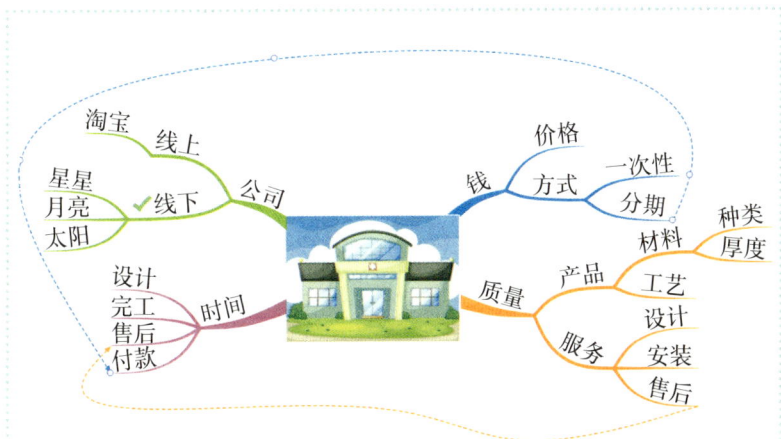

当时我想到了钱、质量、公司、时间。

钱，除了价格以外，还有支付方式，是一次性支付，还是分期支付，显然如果有分期支付，就优先考虑分期。

由质量想到了产品质量和服务质量。产品包含材料和工艺，材料不仅要问种类还要问厚度。服务不仅包含了设计能提供几份样稿和几次修改，还包含安装服务、售后服务。

由售后想到了不仅有项目还有时间，时间是一个大类，因为时间下面还会有设计的时间、完工的时间、付款的时间等，所以把"时间"单独拎出来作为主干。

在思考制作公司的时候首先想到了淘宝，因为淘宝似乎什么都可以做，而且优惠。而淘宝应该归属于"线上"，既然有"线上"，那么"线下"这个词就冒出来了。但之前我想到了售后服务，那么线上的公司因为无法保证提供很完善的售后，显然不太适合，所以在"线下"处打了一个钩，表示重点考虑线下。但淘宝咨询一下价格也无妨，这样一来跟本地公司谈判时，对于价格心里会更有底。

我就以上这些内容，分别咨询了不同的公司，包含线上的公司和线下的公司。

我于是写了一份清晰的报告给我的上司，分别列举了A公司、B公司、C公司的产品和服务质量、价格和付款方式，设计、完工、售后时间分别如何等信息。并且，综合各家公司的优缺点，提出自己的建议和理由。

最后，请上司做选择题。

我相信，如果我们总是以"积极主动+思考技巧"的方式完善思考并交付结果，那么无论我们在哪个工作岗位，都会有出色的成绩！

输入应用——归纳思维，明晰逻辑

在上一节中，我们讲解了BOIs思考技巧的用法。我们说过BOIs这样分类分层的方法，可以在需要从大脑中提取信息、发散思维的时候，获得更多的创意，让我们的大脑输出更完善、更缜密的方案。

在大脑吸收知识、获取外界信息的时候，我们可以用BOIs思考模式来归纳思维、梳理资讯，让看似复杂的信息在瞬间变得清晰又明了。

同时，我们还可以结合发散思维，让新信息联系大脑中既有的知识，以产生更多的想法。

还记得在"一线一词"一节讲到的"杧果"吗？我们还是以这个

案例做讲解。

我们以便笺纸为辅助，来看一下BOIs在整理思维时的思考步骤。

思考步骤

我们开始做信息的整理和分类时，可以尝试用便笺纸分类法。因为便笺纸可以自由地移动和组合，是一种非常方便且有效的分类工具。

第一步：输入信息

先把所有的信息抄写在便笺纸上。请注意，便笺纸就像是我们在思维导图上的每一根线条，在这里我们同样要做到"一线一词"。也就是说，如下图一般，在一张便笺纸上只写一个信息，便于自由地分类和组合。

如果没有便笺纸，你也可以把白纸裁成合适的大小。

| 小 | 大 | 甜 | 酸 | 海南 |
| 摘 | 买 | 卖 | 千层 | 干 |

第二步：分类整理

我们试着把这些信息进行整理，思考一下哪些信息的意思相似或者相近。

通过整理，我们能够快速地找出一些规律，我将这些信息分类成如下图所示。

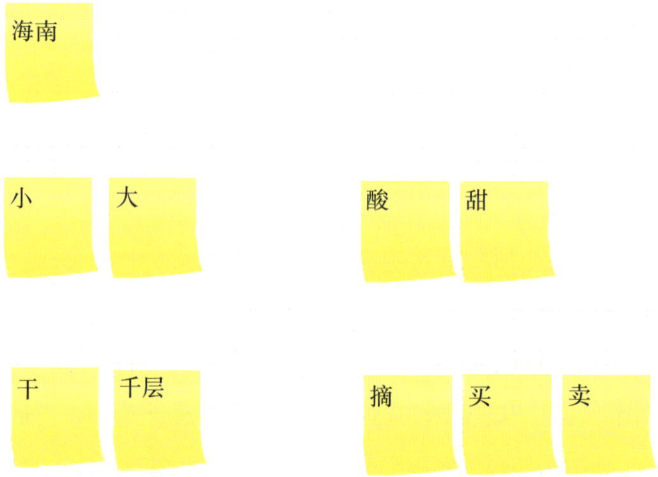
海南
小
大
酸
甜
干
千层
摘
买
卖

第三步：归纳小类别

再思考一下，为什么会这样分类？这些类别可以取一个什么样的名称？

我们来看一看：

大和小，显然是用来形容大小的；

酸和甜，是形容味道的；

买、卖、摘，是描述动作的；

海南，是杧果的其中一个产地或者品种；

而杧果干和杧果千层，则是用杧果加工而成的食品。

因此，这些词被归纳整理为五个小类——形容大小、形容味道、描述动作、描述产地、描述物品。

形容大小	形容味道
小　　大	酸　　甜

描述动作	描述产地	描述物品
买　　卖	海南	干　　千层
摘		

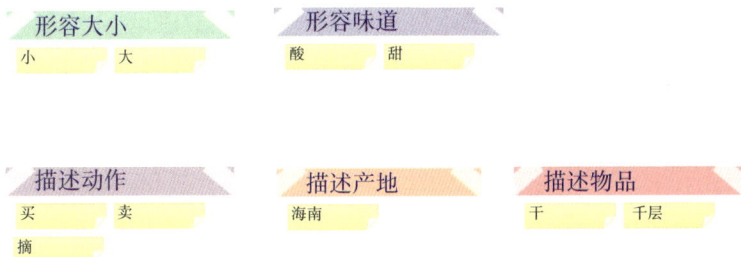

第四步：归纳大类别

这是最后一步，我们要将小类别再整理，看看能否再次进行归类。

形容大小、形容味道、描述动作、描述产地、描述物品中，显然形容大小和味道，都是形容词；而描述动作则为动词；描述产地和物品为名词。因此，我们可以将之归纳分类之后转换为思维导图，就变成了下图这样。

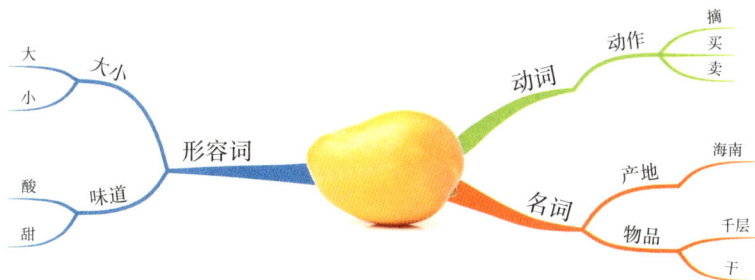

我们将这幅导图与之前的对比一下，在视觉上是不是更舒服了呢？思路是不是又清晰了许多呢？

虽然两幅图的内容是一样的，可是为什么归类之后，我们对它的感受就不同了呢？

实际上，在我们的认知中，一次性接受数量较多的事物会感觉混乱，难以理解和记忆。美国心理学家约翰·米勒曾对短时记忆的广度进行了比较精确的测定：正常成年人一次的记忆广度为7±2项内容。

因此，我们要先学会对数量较多的物品进行归类思考，这样就会觉得事情变得更为简单。

此外，这张思维导图的归类符合MECE原则，既做到了穷尽，又做到了互斥，让每一个类别都彼此独立。分支上的词，属性符合主干。所以，这张导图看起来思路非常清晰。

要说明的一点是，在这里我应用了词性这条逻辑线来组织结构，但它并不是唯一的，也并不一定就是最好的。

分类多种多样，只要我们最后呈现出来的思维导图在逻辑上符合MECE原则，也符合你的实际需求，就是可行的。

输入信息、分类整理、归纳小类别、归纳大类别四个步骤，是利用便笺纸进行归纳思维的整个过程。

如果你对归纳整理的步骤已经非常熟悉，或者说需要整理的内容非常简单，完全可以抛弃便笺纸，直接在大脑中将之组合、整理、归纳就可以了。

从这个例子可以看出，将资讯分解成最小的概念，不仅可以帮助我们打开思路，拓展思维，还可以帮助我们更好地进行整理和归纳，让思路更加清晰。

如果将这种思考方式应用在日常的工作或者学习中，我们在接收资讯的时候就不再会是杂乱地灌输，而会是有意识地进行分解、重组和内化。

有了自主思考的过程，我们的理解力和记忆力，又怎么能不提升呢？

统整——再发散思维

用"一线一词"+BOIs思考模式的好处是,我们不仅可以发散思维、整理思维,还可以在发散和整理的过程中,有进一步的创造。

我们来回顾一下,在找到与杧果相关的词中有形容词之后,除了形容味道和大小,还有没有其他形容词呢?比如新鲜度、成熟度等。

由动词又会想到,可不可以吃杧果呢?可以啃吗?可以切吗……

名词也是一样的,产地除了海南还有其他地方吗?加工食品还有其他的吗?只能想到产地和加工品吗?杧果本身可不可以有?杧果皮?杧果肉?杧果核……

我想,在书前的你一定会想到更多。

现在,你感受到思维迸发的畅快了吗?

发散—收敛—发散,原来思维真的可以像神经元一样,不断地互相连接,不断地增加通道,在收放之间,通过对关键词发散思考,产生越来越多的连接、交互,而最重要的是,许多想法在冒出来的同时是极具逻辑性的。

作业

找一下身边的任何一个物品,来发散一下自己的思维吧!比如,书、床、纸,任何物品都可以!

做好后,可以将你的思维导图发送到微信公众号"玉印思维导图",并记得告诉我你的感受哦!你的作品将有机会得到点评,并有机会成为下一本书的案例哦!

心法、技法中的常见错误总结

在这里，我们将思维导图的技法和心法已经全部讲解完了。思维导图"武林计划"网络课第一任总舵主焦典（世界记忆大师、思维导图手绘达人）总结绘制了一幅《心法、技法中的常见错误》图，这些都是前人踩过的坑，我们总结梳理出来，可供大家参考。

《心法、技法中的常见错误》 绘制：焦典

第五章

思维导图法+笔记法

在前面的四章中，相信大家对于思维导图的基础知识已经掌握得很全面了，接下来，我们就要开始运用心法和技法略！在工作、学习和生活中，把它们应用得淋漓尽致，才是真正让它们产生了价值。

从我自身多年的应用经验，以及教学情况来看，用思维导图做笔记是非常好用的，可以快速梳理一篇文章或者一件事情的结构，抓取重点，快速理解。

这并非个人的见解，实际上，在教育学相关的书籍中就强调了类似的概念。我去年在翻阅有关教育学的文献时，就看到目前教育中十分强调的认知策略：复述策略、精细加工策略和组织策略。

认知策略最早是由美国的教育学家、心理学家布鲁纳（Jerome Seymour Bruner）于1965年在研究人工概念时提出的。布鲁纳认为，认知策略是学习者加工信息的一些方法和技术，有助于有效地从记忆中提取信息，其基本功能有两个方面：一方面是对信息进行有效的加工与整理，另一方面是对信息进行分门别类的系统储存。

　　在学习过程中，学习者针对所学内容画出关系图，这种策略属于认知策略。

　　认知策略包括对个人作为学习者的认识、对任务的认识和对有关学习策略及其使用方面的认识三个方面的内容。

　　布鲁纳认为，学习的实质是一个人把同类事物联系起来，并赋予一定的意义将其组织成结构。学习就是认知结构的组成和重组。简言之，按照布鲁纳的观点，学习就是在学生的头脑中形成一定的知识结构。

　　这样说可能有些抽象，我们来看一看我根据布鲁纳提出的认知策略，结合冯忠良先生编著的《教育心理学》（人民教育出版社，2010年出版）中有关认知策略的部分内容所整理的思维导图。

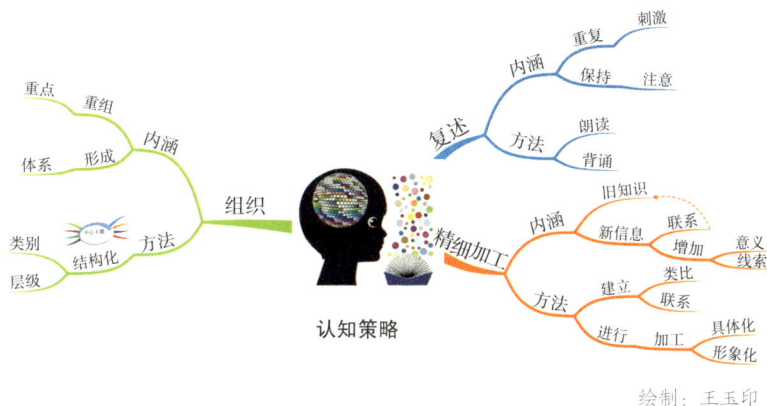

绘制：王玉印

　　可见，复述策略，就是我们通过朗读、背诵等方法不断重复刺激，保持注意力以及记忆水平。

　　精细加工策略，是指我们通过类比、联想等方式，将新信息和旧知识产生连接，或者赋予更多的意思和记忆线索，让它们更为具体化、形象化，从而加深记忆和理解。

组织策略，是指我们将知识重点形成体系，使其更具结构化。

我们会发现，除了复述策略以外，精细加工策略提到的类比、联想，与记忆法中的图像转换、锁链法、故事法等十分类似。而组织策略，可以抓住重点，形成结构和体系，不就是思维导图的理念吗？我们将思维导图法运用在知识的输入中，不就是 ==抓关键==、==建结构== 吗？

由此可见，思维导图法为认知策略中的组织策略提供了切实可行的步骤和方法，更是一个可以帮助我们更好学习和认知的方法。

反过来说，不断练习用思维导图的方法做笔记，我们能快速精进思维导图法"功力"，提升快速抓关键词以及分类分层的能力。

因此，讲解思维导图的应用，我们先从笔记法讲起。

笔记法包含了两种类型，一种是读书笔记，另一种是听课（会）笔记。这两种笔记在制作的时候，各有异同。我们将在后文中详细解说。

一、读书笔记——如何解析一篇文章

在讲述读书笔记之前，我们一起通过一张思维导图回顾一个小故事。

看到这幅思维导图，聪明的你可能就已经猜到了要回顾的这个故事——庄子的《庖丁解牛》，一起来看一看原文。

筋骨缝隙 —— 悟到
游刃有余 —— 做到 —— 现今
志得意满
畅快淋漓 —— 感到

看到 庞大
起初
感到 无从下手

三年后 知道 窍部件
明确 切入点

绘制：杨雨琛

庖丁解牛

庄子

吾生也有涯，而知也无涯。以有涯随无涯，殆已！已而为知者，殆而已矣！为善无近名，为恶无近刑。缘督以为经，可以保身，可以全生，可以养亲，可以尽年。

庖丁为文惠君解牛，手之所触，肩之所倚，足之所履，膝之所踦，砉然响然，奏刀騞然，莫不中音。合于《桑林》之舞，乃中《经首》之会。

文惠君曰："嘻，善哉！技盖至此乎？"

庖丁释刀对曰："臣之所好者道也，进乎技矣。始臣之解牛之时，所见无非牛全者。三年之后，未尝见全牛也。方今之时，臣以神遇而不以目视，官知止而神欲行。依乎天理，批大郤，导大窾，因其固然。技经肯綮之未尝，而况大軱乎！良庖岁更刀，割也；族庖月更刀，折也。今臣之刀十九年矣，所解数千牛矣，而刀刃若新发于硎。彼节者有间，而刀刃者无厚；以无厚入有间，恢恢乎其于游刃必有余地矣，是以十九年而刀刃若新发于硎。虽然，每至于族，吾见其难为，怵然为戒，视为止，行为迟。动刀甚微，謋然已解，如土委地。提刀而立，为之四顾，为之踌躇满志，善刀而藏之。"

文惠君曰："善哉，吾闻庖丁之言，得养生焉。"

这个故事说的是，庖丁到文惠君家里杀牛，因为技艺高超被文惠君垂询。庖丁在回答中提到他杀牛的三个阶段。

第一个阶段：起初解牛时，觉得牛很庞大，难以下手。

第二个阶段：三年后，已经知道如何解剖牛了。

第三个阶段：如今，已经不需要看牛就能做到游刃有余了。

文惠君说，听了庖丁杀牛的经历，知道了养生的道理。同样，我们也可以通过思维导图法更好地解读文章。

试想，当我们觉得这篇文章好难解读，或是觉得这本书难懂的时候，是不是跟庖丁刚开始解牛时一样，没有掌握更好的解读方法呢？如果我们掌握了方法，一定也可以在训练中慢慢达到游刃有余的境界。

从庖丁解牛的故事中，我们不仅可以得出万事皆有法的道理，还可以看出，庖丁解牛的过程跟我们绘制一张笔记类思维导图的过程非常相似。

找到切入点，就如同我们找到一篇文章的中心主题，掌握了核心；了解筋骨缝隙，就如同我们掌握了这篇文章的思维脉络，掌握了结构；游刃有余，就如同我们将思维脉络下的关键词各个击破，掌握了细节。

因此，如果我们能按照这样的步骤分解文章，就能将阅读、理解、吸收知识的技能练习得跟庖丁解牛一般出神入化了。

了解全牛　⟶　通读一次

找切入点　⟶　中心主题

筋骨缝隙　⟶　思维脉络

游刃有余　⟶　找关键词

分解完毕　⟶　呈现导图

【实例1】《秋天的雨》
难度指数：☆☆

既然我们已经知道了用思维导图法做读书笔记的五大步骤，现在我们由简入繁，先从一篇人教版三年级的课文《秋天的雨》入手试练一下。这篇文章相对来说结构很简单，作为入门文章是非常棒的。

秋天的雨

秋天的雨，是一把钥匙。它带着清凉和温柔，轻轻地，轻轻地，趁你没留意，把秋天的大门打开了。

秋天的雨，有一盒五彩缤纷的颜料。你看，它把黄色给了银杏树，黄黄的叶子像一把把小扇子，扇哪扇哪，扇走了夏天的炎热。它把红色给了枫树，红红的枫叶像一枚枚邮票，飘哇飘哇，邮来了秋天的凉爽。金黄色是给田野的，看，田野像金色的海洋。橙红色是给果树的，橘子、柿子你挤我碰，争着要人们去摘呢！菊花仙子得到的颜色就更多了，紫红的、淡黄的、雪白的……美丽的菊花在秋雨里频频点头。

秋天的雨，藏着非常好闻的气味。梨香香的，菠萝甜甜的，还有苹果、橘子，好多好多香甜的气味，都躲在小雨滴里呢！小朋友的脚，常被那香味勾住。

秋天的雨，吹起了金色的小喇叭。它告诉大家，冬天快要来了。小喜鹊衔来树枝造房子，小松鼠找来松果当粮食，小青蛙在加紧挖洞，准备舒舒服服地睡大觉。松柏穿上厚厚的、油亮亮的衣裳，杨树、柳树的叶子飘到树妈妈脚下。它们都在准备过冬了。

秋天的雨，带给大地的是一曲丰收的歌，带给小朋友的是一首欢乐的歌。

第一步：通读一次

根据解读文章的步骤，我们首先来通读，也就是浏览一次。

第二步：找中心点

读完之后，我们会自然找到这篇文章的中心，非常简单，就是题目——秋天的雨。

第三步：找思维脉络

找到中心后，我们要看这篇文章的脉络是什么，也就是说，它由哪几件事情组成。

通读之后，我们会发现这篇文章的结构很简单，每一个自然段都讲述了一件事情：第一段说秋天的雨是钥匙，第二段说它是颜料，第三段说它是气味，第四段说它是喇叭，第五段说它是歌。

第四步：找关键词

找到这些思维的脉络之后，我们再分别找出对应的关键词。

比如，第一段：秋天的雨，是一把钥匙。它带着清凉和温柔，轻轻地，轻轻地，趁你没留意，把秋天的大门打开了。

第五步：绘制思维导图

当我们按照步骤，找到这些信息之后，就可以把思维导图给呈现出来啦。

绘制中心图：大家还记得如何绘制中心图吗？中心图的位置在中间，大小是一张纸的九分之一略小一点，以A4纸来说，中心图是一只一次性纸杯杯底的大小；颜色要三种以上。中心图一定要非常贴合我们想表达的文字意思。那么"秋天的雨"，大家会如何绘制呢？

我想到的是画一朵云，下着淅淅沥沥的小雨，为了表达出"秋天"，我再画上一两片红红的树叶！为了怕之后忘记画的是哪篇文章，我在云朵的中心写上了"秋天的雨"四个字。

秋天的雨

有人问我："老师，我不会画画可以学思维导图吗？"在这里，我用自己的实际行动回答了大家。我都画成这样了还在教大家思维导图法啊！要记住我们学习的是方法，而不是画画。我相信这样简单的中心图，每个人都可以画出来！

绘制主干：这一步的关键在于我们应该把所有的主干先绘制完，再依次绘制主干分支上的内容。因为从最中心的点开始思考，然后到次中心，再扩散到细枝末节，这才真正符合由内而外的放射性思考模式。

而最容易出错的地方就是，往往有人会把第一条主干以及支干全部绘制完成后，再去绘制第二条主干。其实，绘制的顺序之所以不同，原因在于我们思考的模式不同。第一……第二……第三……这样的顺序不正是我们传统的流水型思考模式吗？这样的模式并不能帮助我们从核心到外在一层一层地解析，从简单到繁杂一层一层地记忆。

因此，我们一定要牢记，绘制好中心图之后，我们要先把所有主干都绘制完成。

而且在绘制主干的时候，我们要注意选择颜色。颜色的选择要从心出发。

　　比如"钥匙"，让我想到的是金光闪闪的可以打开宝库的金钥匙，于是我就用了金色。"颜料"给我的感觉是充满视觉冲击的，我觉得紫色最能让我感受到这种冲击感。而"气味"是淡淡的、似有若无的、美美的，所以就用了淡紫色。

　　虽然，我们尽量注意相邻的主干颜色要有区分，以便快速区分信息模块，但总体来说还是要从内心的感受出发，这样才会更容易贴近我们的感受，更容易让我们记忆。

　　绘制关键词：在线条上写出关键词，思维导图基本上就完成了，但是我们还需要再补充一些细节，让这张思维导图更加完善。

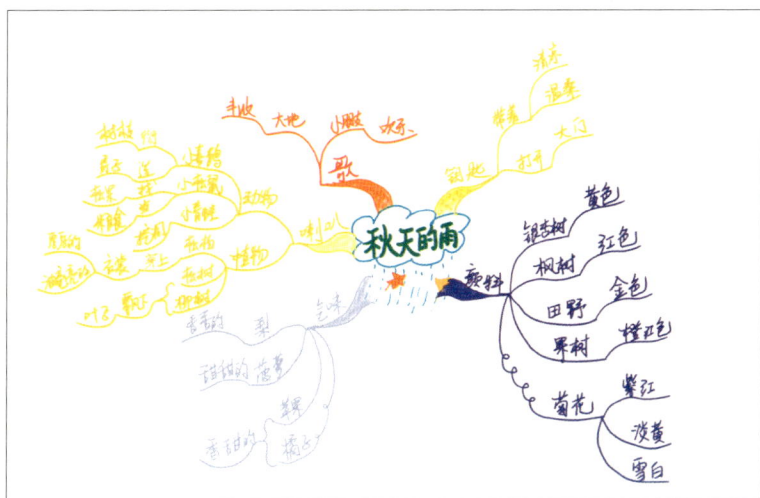

　　找关联：在这张思维导图中，我们会发现秋天的雨让田野变成了"金色"，让果树变成了橙红色，它还给了所有果树香甜的气味，因此送给了大地丰收的赞歌。而且，我们还会想到这些果子变成了橙红色，成熟了，因此散发出香甜的味道。

　　所以，我们就可以在这些地方画上虚线和箭头，表示它们之间是有关联的。

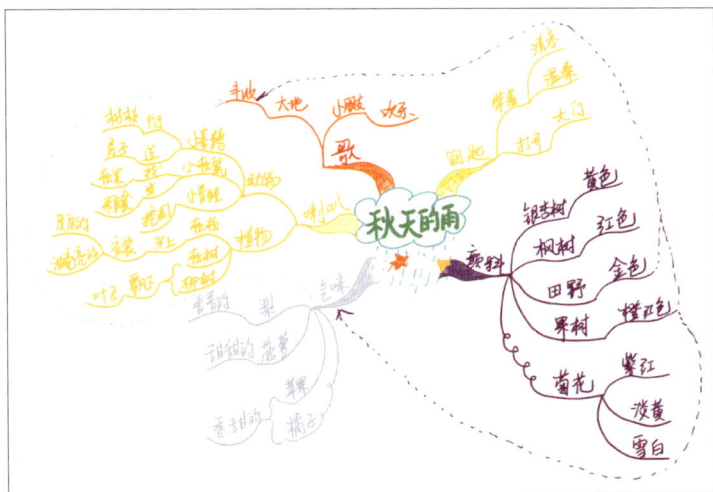

细心的人或许会发现，<mark>虚线</mark>也是有着<mark>不同的颜色</mark>的。是的，虚线的颜色<mark>取决于</mark>它的"<mark>因</mark>"。

因为田野黄了，果树红了，所以大地丰收了。这里的因是田野、果树，因此虚线的颜色是田野和果树的分支颜色——深紫色。

因为果子的气味香甜，所以大地丰收了。这里的连线就是从气味开始，因此是淡紫色。

这样说，大家对于思维导图中的找关联了解了吗？

我们再来说说这些虚线，也就是关联线的好处。在本书一开始就说过，思维导图是一种让我们可以在一页纸上就掌握全貌的工具。这些关联线就是在呈现文章逻辑关系和重点之后，再找出那些隐藏的关系，让我们可以更加深入地理解内容。

而找关联这个过程，也可以促使我们在解析文章之后，再去主动思考。

　　绘制插图：找好关联后，再来看看在这一幅思维导图中，你认为比较难记忆的部分，或者比较难理解的部分在哪里。

　　如果你是学生，那么还需要考虑老师讲解的重点在哪里，或者说，考试的要点是哪里。

　　如果你是职场人士，在解析一篇文章后，也需要考虑一下对自己来说最为重要的点是什么。

　　我们需要在这些地方绘制插图，同时要注意其颜色，为了体现冯·雷斯托夫效应，插图的颜色尽量跟文字的颜色不一样。

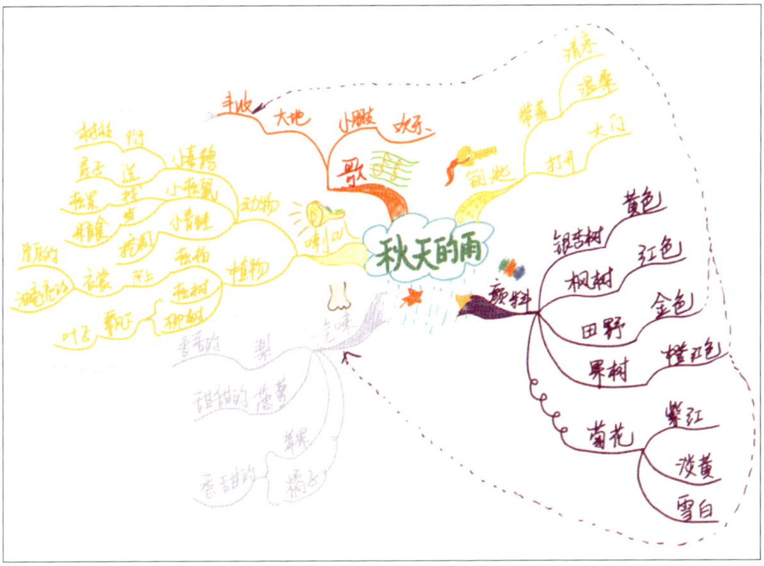

　　比如，这里的"钥匙"，一般我们想到的是金钥匙，金钥匙跟文字和主干颜色一致，我可以在钥匙的后面加一个红色的小穗子，这样就在视觉上有突出的作用了。

　　回顾和记忆：最后，我们要看着这幅思维导图回顾一下课文内容，如果可以基本上回想起来，那么说明我们对于要点的把握是足够的。如果还有某些地方会遗忘，就要将这些遗忘内容的要点加在相应的地方。

如果这是需要记忆的内容，那么除了看着思维导图回顾以外，我们还可以盖住导图上的字，从中心到主干，再到支干一一回想，如果在某个地方想不起来，我们可以在这个地方再加上一个小插图加深记忆。

【实例2】《赵州桥》

难度指数 ☆☆☆

请你先按照在实例1中讲解的步骤进行绘制，然后再来看解说，相信你会有更深刻的理解。

赵州桥

河北省赵县的洨河上，有一座世界闻名的石拱桥，叫安济桥，又叫赵州桥。它是隋朝的石匠李春设计和参加建造的，到现在已经有一千四百多年了。

赵州桥非常雄伟。桥长五十多米，有九米多宽，中间行车马，两旁走人。这么长的桥，全部用石头砌成，下面没有桥墩，只有一个拱形的大桥洞，横跨在三十七米多宽的河面上。大桥洞顶上的左右两边，还各有两个拱形的小桥洞。平时，河水从大桥洞流过，发大水的时候，河水还可以从四个小桥洞流过。这种设计，在建桥史上是一个创举，既减轻了流水对桥身的冲击力，使桥不容易被大水冲毁，又减轻了桥身的重量，节省了石料。

这座桥不但坚固，而且美观。桥面两侧有石栏，栏板上雕刻着精美的图案：有的刻着两条相互缠绕的龙，嘴里吐出美丽的水花；有的刻着两条飞龙，前爪相互抵着，各自回首遥望；还有的刻着双龙戏珠。所有的龙似乎都在游动，真像活了一样。

赵州桥表现了劳动人民的智慧和才干，是我国宝贵的历史遗产。

——选自《小学三年级上册·语文》，人教版

【一起解读】

《赵州桥》这篇课文虽然是小学三年级的文章，但从我这些年的教学经验来看，这篇文章对于小学生来说在逻辑的梳理上要稍微难一些，很多成年人也往往觉得难以一下子驾驭，不知道你解析本文时的感觉如何？

如果你现在绘制完了，我们就一起来解析一下这篇课文。

这篇课文的中心点很简单，就是题目中的"赵州桥"。接着找主干，也就是本文讲述了关于赵州桥的哪几件事情。

从本文来看，主干内容相对来说也比较简单，似乎每个自然段都讲了一件事情。

第一段，讲解了赵州桥的概况。

第二段，讲解了赵州桥的构造。

第三段，讲解了赵州桥的外形。

第四段，讲解了赵州桥的影响。

在这里，很多人会说，似乎难就难在归纳这几个词语上。确实如此，我们做读书笔记的时候，归纳并提取贴切的词语是一大难点。如

果我们有意识地经常练习，慢慢地，就会提升这种能力。

当我们对主干内容心中有数之后，我们就分别再来细细解析主干下面的内容。

比如，第一段讲了概况，当我们看到"河北省""赵县""洨河"时，就会想到这三个应属于赵州桥的<mark>地点</mark>。当我们看到"石拱桥"时，会想到这是桥的<mark>类型</mark>，当我们看到"安济桥"，会想到这是它的<mark>别称</mark>。还有"隋朝""李春""一千四百多年"，这是它的<mark>历史</mark>。因此，我们在解读文章的时候，就可以把这些脑海中提取的阶层词标注在书本上，方便我们绘制思维导图的时候思路更清晰。

如果我们每次阅读文章的时候，都能这样主动思考，那么解读文章的能力，怎么能不得到快速提升呢？！长年累月，我们可以不必再写出来或画出来，阅读完毕，就能在心中清晰呈现这篇文章的逻辑结构和要点内容。这样，我们不就和庖丁一样，游刃有余、胸有成竹了吗？

好吧，畅想了我们解读文章的最高境界之后，还是要回到我们的现阶段，我们一起看看第二段。

实际上，这篇文章难就难在第二段，因为第二段里的许多内容在前后是要交叉的。

前面说的桥长五十多米，九米多宽，应该是桥的<mark>尺寸</mark>。而接下去说了中间行车马，两旁走人，应该是<mark>功能</mark>。石头砌成，说的是用的<mark>材料</mark>。拱形大桥洞，应该是<mark>形状</mark>。横跨在三十七米多宽的河面上，又说了<mark>尺寸</mark>。而拱形小桥洞，又说的是<mark>形状</mark>。而平时河水从大桥洞流过，发大水时还可以从小桥洞流过，说的又是<mark>功能</mark>。减轻冲击力、减轻重量、节省石料，说的是它的 <mark>优点</mark>。

因此，在这里我们看到有两处讲了尺寸，两处讲了形状，两处讲了功能。我们就要把它们进行整合和梳理。

比如，同样都是 <mark>功能</mark>，第一个功能：中间行车马，两旁走人，说的是交通；第二个功能：平时河水从大桥洞流过，发大水时还可以从小桥洞流过，说的是泄洪。

在做思维导图的时候，像这样的分类和整合是非常关键的，我们通过重整这些关键点使逻辑逐渐清晰，层次分明。

接下来的两段相对来说比较简单，我就不一一细述了。

【一起赏析】

我们来看看马世超同学做的思维导图《赵州桥》。

马世超同学绘制这张图的时候，年仅15岁，他在自己认为是重点的地方都标上了插图，特别是对于桥的尺寸，用一幅简单的插图就表达得清晰明白，真是非常难得。

马世超的逻辑很清晰。特别是在"构造"这个主干下，形状、材质、功能和优点都非常清晰。"功能"下是泄洪和交通，"泄洪"下是大水和平时，"交通"下是两旁和中间，读起来非常顺畅，非常容易理解。

但在个别地方还可以调整一下。

比如，在最后一条主干"影响"的下面，"人民"和"宝贵"两个支干并列，就不太合适。读起来会让人觉得好像被什么卡住了。这是因为"人民"和"宝贵"两个词词性并不一致，"人民"属于名词，"宝贵"属于形容词，同一个层级上的两个词词性不一致，就会让人感觉不顺畅，读的时候会情不自禁地想：这体现了人民的智慧和才干，那宝贵遗产是什么内容下面的呢？如果我们在这里加上"国家"，就非常棒了。说明赵州桥给后世的影响是体现了人民的智慧和才干，是国家宝贵的历史遗产。这样就一下子顺了，如下图。

在这里，"历史遗产"最好不要分开，它体现的是一个概念。

让逻辑清晰的诀窍
——实操之核心：同阶层同属性

在刚刚的例子中，思维从不顺到顺畅，有一个非常重要的关键点，那就是==同阶层同属性==。孙易新博士在他所著的《学一次用一辈子的思维导图》一书中提出了这个概念。

可以说，"同阶层同属性"是思维导图逻辑顺畅的关键所在。为什么这样说呢？我们来举例说明。

思维导图"武林计划"第一季学员崔茹萍曾经向我提出一个问题，当时她正在参加公职教师考试，参考书中有关于教育家培根的知识点需要记忆。

她是一个非常爱问问题的学员，当时她很不解地问我："老师，不是说思维导图法可以让我们的思路更加清晰吗？可是我怎么做了之后依然不清晰呢？"

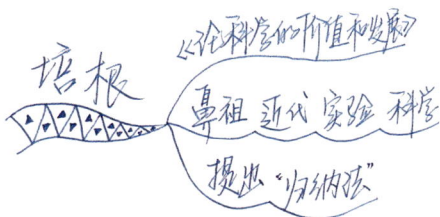

作者：崔茹萍
（文魁大脑第一季认证班毕业生、"武林计划"第一任盟主）

看了她发给我的主干式思维导图后，我请她把原文内容也发给我看看。原文如下：

教育家	国家	著作	教育思想
培根	英国	《论科学的价值和发展》	近代实验科学的鼻祖。 首次把"教育学"作为一门独立的科学提出。 他提出的"归纳法"为教育学奠定了方法论基础。

请你一起帮崔茹萍看一看，到底问题出在哪里呢？真的是思维导图无法帮助我们梳理思维吗？

对了，你可能已经发现，实际上，她在绘制这张思维导图主干时，只是把要点简单罗列了出来，并非进行了归纳和逻辑梳理。如果我们从同阶层同属性的角度思考，就很容易发现这个问题。

在这个主干中，培根后面的三条分支，同级词分别是《论科学的价值和发展》、鼻祖、提出。

其中，《论科学的价值和发展》、鼻祖为名词，提出为动词，它们的词性不一致。

而《论科学的价值和发展》、鼻祖虽然同为名词，但它们的属性也并不一致。前者是指培根的著作，并且具体到其中一本；后者是指地位，并不具体到某个领域。因此，我们在阅读的时候就会产生疑义，需要思考之后才能慢慢理解。

如果我们能在这三个词之前再加一个阶层，归纳出这三项内容分别是指培根的哪一个方面，这样阅读起来就清楚多了。

如下图一样，从培根的国家、著作、地位、贡献来介绍他。

因为国家、著作、地位、贡献都是名词，而且都是介绍培根的某一个方面，做到了同阶层同属性，思路就非常顺了。

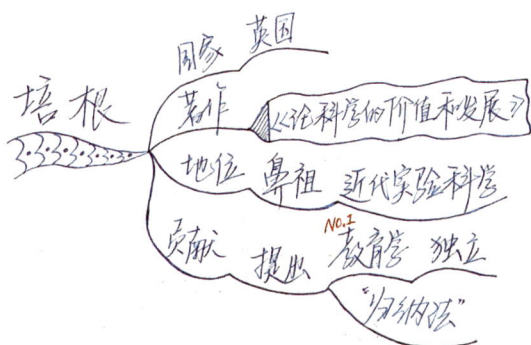

绘制：崔茹萍

在这里，或许你已经观察到了，我还把茹萍写的"近代""实验""科学"改成了"近代实验科学"。

为什么要把"近代实验科学"放在一根线条上呢？

我们在讲解关键词"一线一词"的时候，曾经提到，"一词"是指一个最小的概念，与字数无关。而"近代实验科学"是一个专有名词，是一个最小的概念，在这里不可分割。如果将之分割成"近代、实验、科学"，反而造成理解和记忆上的干扰。

我们再用另一个例子说明，这也是崔茹萍提供的一个真实例子。她在考试复习时，其中有一章为《刑法修正案》，绘制完思维导图后她始终觉得挺怪异的，却又不知道怪异在哪里。

我们一起来看一看这幅思维导图的逻辑结构。从前面的例子我们已经知道，检验逻辑结构是否正确，有一个非常好的方法，那就是同阶层同属性。

贪污、碰瓷、虐待、拐卖、删除、违章、绑架、猥亵和作弊，对《刑法修正案》而言，这九个词中，显然"删除"是最为不合群的。

作者：崔茹萍

当时，崔茹萍表示有些似懂非懂，我就对她说，这就好像是把男人、茹萍和玉印放在一起，会让人觉得怪怪的。

当时，她大呼："当然了，那应该是男人、女人是大集合，在女人的集合下才是茹萍和玉印。"

作者：崔茹萍

那么显然，在《刑法修正案》中，与"删除"并列的词不应该是具体的罪名，应该是"新增、修正"等，而"贪污""碰瓷"等具体的罪名应该归类在这三个主干下面才妥当。

当这样归类之后，同阶层就做到了同属性，逻辑也就清楚了。

说到这里，对于"同阶层同属性"，大家有一定了解了吗？

【实例3】《大学》

难度指数☆☆☆☆

上面几篇都是小学课文，相对比较简单，接着，我们要从易到难，一起来尝试一下绘制古文的思维导图吧！

曾经有许多朋友问我，记忆古文是否只能用记忆法来记忆，我觉得并非如此。

由于古文通常需要逐字逐句记忆，对于一些结构简单的，比如古诗，我们确实只需要理解记忆，或者加一点记忆法就可以解决。

但对于那些内容繁多、结构比较复杂的古文，如果能用思维导图梳理一下结构，不仅记忆起来会更加简单，也能加深理解。

下面，我们用《大学》中的《止于至善篇》为例。

大学·止于至善篇

《诗》云："邦畿千里，惟民所止。"《诗》云："缗蛮黄鸟，止于丘隅。"子曰："于止，知其所止，可以人而不如鸟乎！"《诗》云："穆穆文王，于缉熙敬止！"为人君，止于仁；为人臣，止于敬；为人子，止于孝；为人父，止于慈；与国人交，止于信。《诗》云："瞻彼淇澳，菉竹猗猗，有斐君子，如切如磋，如琢如磨；瑟兮僴兮，赫兮喧兮，有斐君子，终不可谊兮。"如切如磋者，道学也；如琢如磨者，自修也；瑟兮僴兮者，恂栗也；赫兮喧兮者，威仪也；有斐君子，终不可谊兮者，道盛德至善，民之不能忘也。《诗》云："于戏！前王不忘。"君子贤其贤而亲其亲，小人乐其乐而利其利，此以没世不忘也。

初看这篇文章时，大家可能会有一种感觉："哇，好酷！"

要是告诉你，要背诵全文，你会不会感觉："哇，好晕！"

哈哈，开个玩笑。其实这篇文章结构非常简单，用思维导图解读，我们可以很快背诵下来。

首先，通读一次。通读时我们会发现有许多"《诗》云"，通过查阅注释，我们可以了解到每一个"《诗》云"，其实是引用了《诗经》中的不同篇章。分别是《玄鸟》《缗蛮》《文王》《淇澳》和《烈文》五篇，因此，当我们拎出这几个点之后，围绕"止于至善"的五个主干就抓住了。

然后，我们再来找到每个主干讲解了哪些要点就可以了。

比如，《玄鸟》一句"邦畿千里，惟民所止"说的是天子管辖的广大地方，是民众向往、想要居住的地方。

这句话很好理解，因此只需要去考虑记住它就可以，我写上"邦畿"，就有助于记忆了。

而第二个主干《缗蛮》，讲的是黄鸟知道自己应该住在哪里，人难道不如黄鸟，不知道吗？因此抓住"黄鸟"和"人"，我们就有了记忆的线索。

第三个主干《文王》，我们抓住文王、君、臣、父、子、国人，也就抓住了记忆的线索。

第四个主干《淇澳》比较难一些，但仔细理解会发现，只是告诉我们君子应该如何修炼，修炼之后的结果如何。修炼包含了切磋、琢磨，两者又分别是如何做的。结果包含了自己的形象如何，民众的反应如何。

最后一个主干《烈文》，讲述了为什么前王无法使所有人忘怀，君子因何不能忘，小人因何不能忘。

我们会发现，像这样一步步抽丝剥茧来解析这段古文，其实一点都不难。而当我们这样解析之后，以及有了这些从中心一层层往外扩散的记忆线索之后，记忆起来也就变得更加容易了。

【实例四】《羊皮卷之三》

难度指数：☆☆☆☆

有人可能觉得，前几篇文章结构偏简单，以记忆为主，因此用思维导图归纳很快速、方便，我们只需要按照关键词进行解读就可以了。

那么，对于那些逻辑结构很难掌握的文章该如何解读呢？是否做文章笔记只能跟随文章的框架组织逻辑结构呢？我们可以根据自己的理解来组织逻辑结构吗？

首先，我们要明确自己做思维导图读书笔记的目的是什么？

如果是学生，在绘制课文笔记的时候，我们根据文章的框架结构和思路解读可能会更好一些，因为每篇课文都有其教学目的。并且我们还需要将课文的重点尽可能地呈现在思维导图中，以便自己更完整地记忆和理解。

如果我们的目的是自我学习和自我提升，就可以根据自己的需求和理解来组织逻辑，选取重点。

比如《羊皮卷之三》这篇文章，一般来说，我们并不需要逐字逐句记住，只需要加深理解就可以了。由于每个人原有的知识积累不同，当前的需求点不同，对于文章的结构解析也会有所不同。

请你看一看这篇文章，试着做一做。

羊皮卷之三

（节选自《世界上最伟大的推销员》）

作者：［美］奥格·曼狄诺

坚持不懈，直到成功。在古老的东方，挑选小公牛到竞技场格斗有一定的程序，它们被带进场地，向手持长矛的斗士攻击，裁判以它受戳后再向斗牛士进攻的次数多寡来评定这只公牛的勇敢的程度。从今往后，我须承认，我的生命每天都在接受类似的考验，如果我坚忍不拔，勇往直前，迎接挑战，那么我一定会成功。

坚持不懈，直到成功。我不是为了失败才来到这个世界上的，我的血管里也没有失败的血液在流动，我不是任人鞭打的羔羊，我是猛狮，不与羊群为伍。我不想听失意者的哭泣，抱怨者的牢骚，这是羊群中的瘟疫，我不能被它传染。失败者的屠宰场不是我命运的归宿。

坚持不懈，直到成功。生命的奖赏远在旅途终点，而非起点附近，我不知道要走多少步才能达到目标，踏上第一千步的时候，仍然可能遭到失败，但成功就藏在拐角后面，除非拐了弯，我永远不知道还有多远。再前进一步，如果没有用，就再向前一点，事实上，每次进步一点点并不太难。

坚持不懈，直到成功。从今往后，我承认每天的奋斗就像对参天大树的一次砍击，头几刀可能了无痕迹。每一击看似微不足道，然而，累积起来，巨树终会倒下，这恰如我今天的努力。

就像冲洗高山的雨滴，吞噬猛虎的蚂蚁，照亮大地的星辰，建起金字塔的奴隶，我也要一砖一瓦地建造起自己的城堡，因为我深知水滴石穿的道理，只要持之以恒，什么都可以做到。我绝不考虑失败，我的字典里不再有放弃、不可能、办不到、没法子、成问题、失败、行不通、没希望、退缩……这类愚蠢的字眼。我要尽量避免绝望，一旦受到它的威胁，立即想方设法向它挑战。我要辛勤耕耘，忍受苦楚。我放眼未来，勇往直前，别再理会脚下的障碍。我坚信，沙漠尽头必是绿洲。

坚持不懈，直到成功。我牢牢记住古老的平衡法则，鼓励自己成功坚持下去，因为每一次的失败都会增加下一次成功的机会，这一次的拒绝就是下一次的赞同，这一次皱起眉头就是下一次舒展的笑容，今天的不幸，往往预示着明天的好运。夜幕降临，回想一天的遭遇，我总是心存感激，我深知，只有失败多次，才能成功。坚持不懈，直到成功。我要尝试，尝试，再尝试，障碍是我成功路上的弯路，我迎接这项挑战，我要像水手一样，乘风破浪。

坚持不懈，直到成功。从今往后，我要借鉴别人成功的秘诀，过去的是非成败，我全不计较，只抱定信念，明天会更好。当我精疲力竭时，我要抵制回家的诱惑，再试一次，我一试再试，争取每一天的成功，避免以失败收场，我要为明天的成功播种，超过那些按部就班的人。在别人停滞不前时，我继续拼搏，终有一天我会丰收。我不因昨日的成功而满足，因为这是失败的先兆。我要忘却昨天的一切，是好是坏，都让它随风而去。我信心百倍，迎接新的太阳，相信"今天是此生最好的一天"。

　　只要我一息尚存，就要坚持到底，因为我已深知成功的秘诀：坚持不懈，终会成功。

　　这是我个人非常喜欢的一篇励志文章，它告诉我们做任何事情都要坚持不懈。确实，坚持是一种最可贵的品质，无论我们天赋有多高，都需要坚持努力才能成功。

　　这篇文章看起来分段很明确，但实则很难把控逻辑结构。因此在"思维导图武林计划"网络课程中，这是一份必做的读书笔记作业。

　　一千个读者眼里有一千个哈姆雷特，每个人都会有自己的理解，因此，逻辑结构的把控以你当前的需求为主，以你的感受为主。

　　希望你先试着自己做一做，然后来一起看看几位学员的思维导图和制作心得。

〔作品赏析1〕

——范丽君

　　第一张思维导图作品的作者是范丽君，她于2016年开始学习思维导图，是思维导图精英班和"武林计划"的学员。她最初是希望女儿学习思维导图以便更高效地学习，但最终发现与其强迫女儿学习不如耳濡目染的教育方式，因此她自己全心投入学习思维导图。后来果然影响了女儿，不仅女儿利用一个寒假的时间用思维导图梳理科学笔记，在高考中快速提高五十多分，她还和女儿有了许多共同话题。

范丽君以隐喻、目标、态度、行动和秘诀来解读这篇文章的含义。我们来看一看范丽君整理这幅思维导图时的思考过程和感受。

我第一遍读这篇文章时感觉铿锵有力、催人奋进，但是因为内容比较分散，我无法按照自然段设计思维导图的主干，所以读了至少五遍之后，条理才逐渐清晰。

通读梳理的过程也是我对如何用思维导图做笔记的理解、认识和应用升华的过程：

时而我把自己当作文章的作者去感受写作的目的；

时而我把自己当作文章中那个正在为了梦想坚持不懈、砥砺前行的人，分享"自己"的艰辛苦楚以及收获的喜悦；

时而我又会把视角跳出文章，避免"不识庐山真面目，只缘身在此山中"的现象。

就这样，我对文章的思维脉络和内涵有了自己的理解。似乎我已经把它们融入我的内心。接着，我从中心图出发，把以下五个方面——隐喻、目标、态度、行动和秘诀作为主干，围绕中心进行表述。

当我绘制完思维导图后，有一种豁然开朗的轻松感和成就感。回顾我最初读这篇文章时感觉的"内容分散"，当我以另一个视角解读时，发觉作者的表达其实极具关联性，环环相扣、前后呼应、深入浅出，直指人心！

感谢玉印老师的良苦用心，把这篇文章作为作业留给我们，感谢我自己如此认真地完成它，在绘制的同时也完成了自己对于思维导图、思考方式和表达方式的一次升华！

〔作品赏析2〕

——周国丽

下图的作者周国丽也是我们思维导图认证班和"武林计划"课程的学员，绘制的是《羊皮卷之三》。

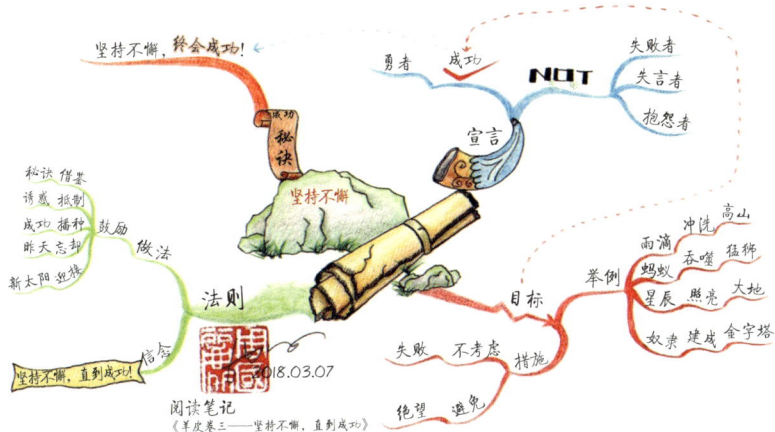

阅读笔记
《羊皮卷之三——坚持不懈，直到成功》

〔作品赏析3〕

——焦杨

这张思维导图的作者焦杨，是我们思维导图精英班和"武林计划"的学员，也是2017年思维导图中国赛的裁判员。

我们来看一看焦杨解读这篇文章的时候是如何思考的。

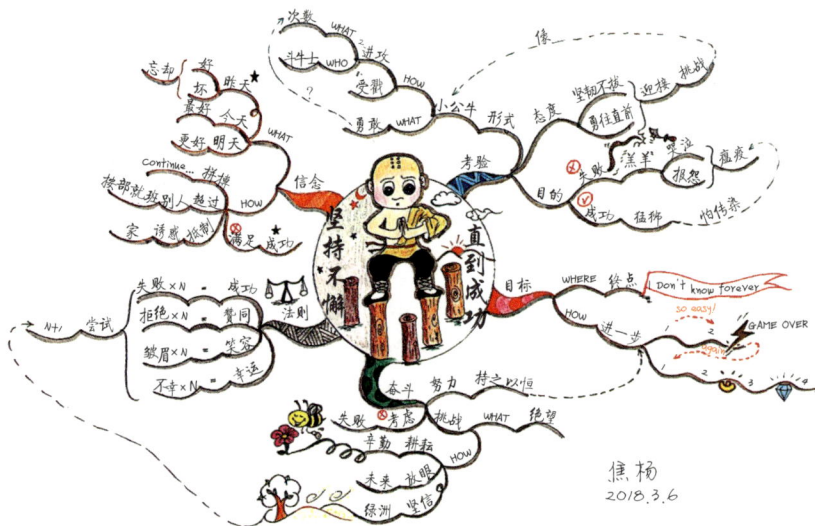

我认为玉印老师找的练习文章是一些非常经典的作品，这篇文章也体现了许多人性的闪光点，我们可以通过这些闪光点让自己和伟人沟通，进行对话。

思维导图规则讲究的是"去芜存菁"，我们可以根据读书笔记的五个步骤去掉自己不需要的，让重点和逻辑结构慢慢呈现出来。

但过程并非说的那样简单，一开始我阅读这篇文章的时候觉得每句话都很有力量，但读了两三遍都没有找到思路。我再把每一段的要点进行解读和理解，不断思考应该用哪些词来精确归纳作者想要表达的点。最后我用"考验、目标、奋斗、法则、信念"五个词作为主干内容，因为它们高度概括了我们要达到"坚持不懈、直到成功"应该接受什么样的考验，设定什么样的目标，需要如何奋斗，遵循什么样的法则，抱有什么样的信念。

然后再根据五个主干关键词，将作者想要表达的点，以及我自己在过去、现在和未来想要实现的目标结合起来，把作者表达的精华和我需要的鼓励与精神结合起来，细细梳理。

在梳理的过程中，我不断和作者对话，也不断和内心对话。比如"法则"主干下面，我本来写了很多内容，但最后发现可以用一个数学公式来表达——N+1，成功就是N次尝试之后再试一次的结果，我觉得这个公式表达了我内心的想法。

思维导图画出来后，完整地表达出了我对这篇文章的理解和感受。我觉得解读文章就是一个由繁到简，再以简驭繁的过程，我很享受这样的过程和感觉。

最终玉印老师对这幅图给予了极高的评价，说这是一个"心流"的过程，是我和作者对话的结晶。我接受玉印老师这种夸赞，我觉得真的是这样。

上面针对同一篇文章的三张思维导图，是从完全不同的三种逻辑解读的，每个人都有着自己的收获。

对于不需要记忆的文章，我们只要像这样做就够了。用思维导图解读文章没有标准，没有最好，它对自己有帮助就好，梳理的逻辑清晰就好。

二、如何解析一本书

用思维导图解读一本书，是解析一篇文章的升级版。

两者目的相同，都是通过结构化的方式去理解，将知识点分类、分层，最终以视觉化的方式呈现出来，帮助我们更好地理解、记忆、复习和融会贯通。做法也大致相同，我们一起来看看步骤。

解析一本书的步骤

一读：通读目录

因为书的内容比较多，我们很难通过快速阅读整本书的内容来了解全貌，所以通读时，我们可以先读目录了解一本书的架构以及要点。

二选：按需选择

为什么说按自己的需求选择呢？因为市面上的书实在太多了，如果把每本书都细细读遍，我们一生都读不完，所以选择自己当前最需要的，或者最想要的就可以了。

所以，购书的时候先筛选一次，接着翻开书看目录的时候再筛选一次，对自己熟悉的部分和不太需要的内容就略翻一翻，或者直接跳过。这是一种断舍离，也是一种关键词思维。

三研：细细研读

了解了哪些是我们需要精读的书之后，我们可以用两种方式解析。

第一种方式是先建立架构，再精读。

书中你需要吸收的知识点非常多，并且结构也比较清晰，或者我们想从这本书中获得的知识体系非常明确的时候，可以先根据图书内容的思路，或者根据自己的需求建立一个逻辑架构。

先建立逻辑架构，有助于我们之后细读时明确每个点，以及它们应该归类在哪里。这是从上到下、从中心到细节的阅读方式。解读文章的时候，我们就是这样做的，大家应该比较熟悉。

比如，我在阅读《如何在30秒内说出关键点》这本书的时候，用的就是这种方式。

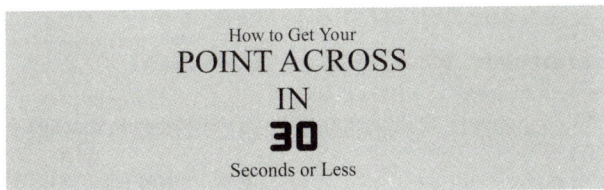

How to Get Your
POINT ACROSS
IN
30
Seconds or Less

目 录

前　言　掌控职业和生活走向，只需30秒　　　009

第一章　为什么一定是30秒　*Why*　　　013

听众的注意力只有30秒。

高效生活要求说话简明扼要 / 016

人类保持专注的时间只有30秒 / 017

广告——"30秒注意力广度"的完美例证（018）

where 话语片段——新闻播报的黄金30秒定律（020）

第二章　确定你最终要达成什么目标　　　023

拥有单一、明了的目标30秒信息的首要基本原则。

目标就是你的需求　/ 025

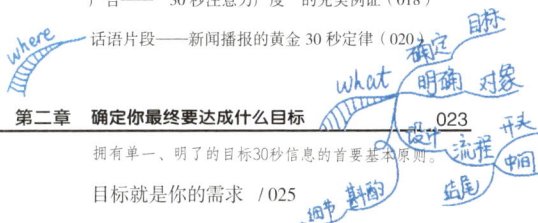

确定 目标 *what 明确 对象* *提升 流程 开头* *调节 结尾 结尾*

我阅读了目录后，发现这本书主要讲解了为什么要在30秒内说出关键点、在哪些地方可以用到以及如何做到三个部分。

因此，我首先在脑海中建立了一个Why、Where、What这样的逻辑架构。在细细阅读的时候，我看到的重点就自然而然地归到相应的逻辑结构下面。

004

How to get your point across
in 30 seconds or less

目标必须清晰、唯一 / 026

如何找出自己的目标 / 029

30 秒内读本章，注意这些就对了 / 031

第三章 知道向谁表达最有效 *who* / 033

了解你的听众以及他们的需求，是 30 秒信息的第二个基本原则。

找到能够办成事的人 / 036

深入了解你的交谈对象 / 038

30 秒内读本章，注意这些就对了 / 043

第四章 精心设计说服听众的正确方法 *流程→准备 what* / 045

构想实现目标的正确方法，是 30 秒信息的第三条基本原则。

因事制宜地实现目标 / 047

如何找到正确的方法 / 048

方法与目标互相依存，缺一不可 / 049

30 秒内读本章，注意这些就对了 / 054

005

目 录

what 流程→开头

第五章 一开口就让你的听众"上钩" / 055

恰当使用钩子，一开口就能引起注意。

如何找出有效的钩子 / 059

完美钩子的类型 / 062

幽默开场的效果（062）/ 视觉钩子的冲击力（065）

囊括全部信息的钩子（065）

钩子记录本——灵感的来源 / 067

30 秒内读本章，注意这些就对了 / 068

第六章 30秒内说什么才能打动人 *what 流程→中间 内容→要点* / 069

30 秒内说的话要维持听众的注意力并说服他们。

把话说全要注意哪些细节 / 072

30 秒内读本章，注意这些就对了 / 075

第七章 结尾要提出你的请求 *What 流程* / 077

不提出具体的要求，你就可能一无所获。

有效结尾的类型 / 079

要求对方有所行动（080）/ 要求对方做出反应（081）

选择恰当的结尾方式 / 082

比如，第三章"知道向谁表达最有效"，归纳在Who下面。第四章"精心设计说服听众的正确方法"、第五章"一开口就让你的听众'上钩'"、第六章"30秒内说什么才能打动人"、第七章"结尾要提出你的请求"，这些归纳在What的流程和内容下面。

有了一个框架结构，我们在阅读相应章节的时候，就很明确自己阅读的目标是什么，然后将每一个要点细细研读、逐步归类就可以了。

在细细研读时，我们可以一边看，一边圈出关键词。

在要点处，在一个章节结束的时候，就用简单的迷你思维导图组织逻辑结构。

比如，我在阅读第三章"知道向谁表达最有效"时，在章节最后空白处绘制了一幅迷你思维导图，如上图所示，用最简洁的主干式表达一个章节的逻辑结构和要点。

这样做的好处是，下次复习或者汇总整本书的时候，我们一看到迷你思维导图就对这一章的内容清晰明了，不必再花时间翻一遍内容。

最后，我们将这些细节接续在最初形成的框架下，一本书的要点就清晰地呈现在我们面前了。

下页图是我用先建立架构再精读的方式，最后形成的关于《如何在30秒内说出关键点》这本书的思维导图。

看着这张思维导图，我可以清晰地回忆起书中的要点，也能非常有逻辑地向他人分享这本书。

第二种方式是先进行精读，再组织逻辑架构，主要有三种情况。

一是书中你所需要的知识点并不太多，无所谓整本书的结构，只需要掌握一两个要点，补充自己的知识体系。

二是书中的知识点很多、很散，一时难以看出逻辑结构。这时我们不妨先进行精读，理解每一个部分讲述的内容，再根据自己的理解组织逻辑。

三是这本书本身就是一个故事集，通过无数个小故事来表达作者的观点。在这种情况下，字里行间表达的是作者的生活理念、生命感悟，所以并没有系统的知识框架。

四绘：绘制导图

最后一步是绘制成思维导图。前面的例子中已经展示过思维导图，而且在绘制文章笔记内容中也已经讲述了，这里就不再多说了。

在绘制一本书的思维导图时，很多人会在心中疑惑，如果书的内容非常多，一张纸画不下，怎么办呢？

如果这本书对于你来说非常重要，里面许多知识点都是新的，那么我建议你一个章节一个章节地绘制。或者根据你的逻辑，把每一个

主干，拆分成一张思维导图的中心来绘制。

如果你选择手绘的方式，可以将每个章节的思维导图贴在书本的章节之前，最后用一张思维导图汇总，得到既有概括性的母导图，又有细节的子导图。

你也可以选择用软件绘制，在IMindMap和XMind等主流思维导图软件中，都有这个功能。

在iMindMap中，用右键点击任何一个你想要单独建构子导图的主干，选择创建子导图就可以分离，并且软件会让你选择是否需要将细节保留在母导图上。

在XMind中，点右键，然后点击"从主题创建新画布"。点击后，就自动弹出一个新的画布，分支就成了新画布的中心图。在中心图的右边，有一个小小的符号"T"，点击它就可以返回到母导图。

而在母导图的分支中，文字旁多了一个小小的"C"，点击这个符号，我们又可以链接到刚才的子导图。

如果你觉得母导图中内容太多，只需要点击分支文字左边的"-"就可以把这个分支内容隐藏起来。

不知道我这样说，能解决你关于内容太多绘制不下的问题吗？

解析利器——迷你思维导图

对于如何解读一本书，我认为迷你思维导图是一个利器。在上面的讲解中，我展示了一种主干式的迷你思维导图。其实迷你思维导图形式多种多样，只要你觉得可以帮助你理解结构，就是可以的。

下面我再为大家提供几种我平时阅读时常用的方式。

==围绕模型式：==

一、成功的三要素（关系、流程和结果）

创新领导者深知达成工作目标（结果）只是衡量成功的一个维度，工作的成功还需要衡量团队成员如何一同工作（流程），以及团队成员在工作时的合作状况（关系）（如图4-1所示）。

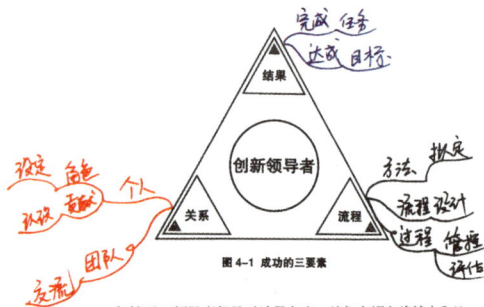

图 4-1 成功的三要素

一般情况下领导者都是对结果负责，他们会倾向将精力和注意力都放在快速达成目标的事物上，因此领导者常常无意中损坏了其他的两个关注点，从而降低了长时间成功的可能性。

这是一种围绕模型绘制的迷你思维导图，在书中有时候会出现一些思考模型、工具模型等，这些模型往往是重点，可以在模型周围绘制迷你思维导图。

==标题主干式：==

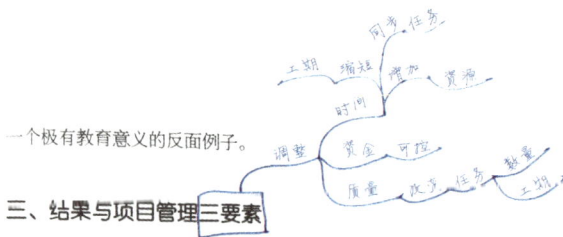

一个极有教育意义的反面例子。

三、结果与项目管理三要素

在项目管理中也有一个管理三角形，分别是时间、成本和质量。我们可以将它们看作是对结果的一种衡量方式，追求结果同样是要平衡管理这三者关系。

有些章节要点较多，逻辑相对比较复杂，我们可以将相关要点直接整理在小标题上。

<mark>简图式：</mark>

在阅读完一个章节之后，简单的可以直接做主干式迷你思维导图，内容较多的也可以做成简图。

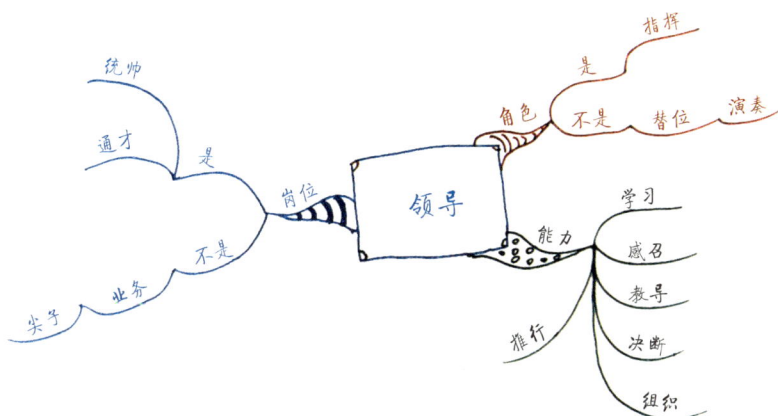

【读书笔记思维导图赏析】

徐翠读绘本《长颈鹿不会跳舞》

将绘本画成思维导图是我的首次尝试，我用的是起承转合的绘制方式，我觉得还是比较契合本书内容的。第一个分支用的是浅绿色，因为绿色象征了发展，这个章节是事件的起点；第二个分支用灰色，首次尝试灰色分支，因为我觉得杰拉德的心情是灰暗的；第三个分支用粉色，因为这个章节中长颈鹿点燃了希望；第四个分支用蓝色，因为诀窍是需要我们冷静思考的，我们也要冷静思考是否当好了孩子的"蟋蟀"这一角色。

146

《长颈鹿不会跳舞》读后记　韩潇 2018.3.5

焦杨读小说《简·爱》

通过绘制思维导图，重新了解了《简·爱》这部恢宏巨著的伟大之处，每一章、每一部分都是主人公人生中浓重的一笔，唯有一朵玫瑰，可以成为她倔强、坚忍顽强的写照！遗憾的是，我没能把玫瑰的惊艳绽放出来！

作业

到这里，关于读书笔记的部分已经讲解完毕。

读书笔记不仅可以给我们带来高效阅读的体验，让我们能快速掌握一篇文章、一本书的结构和要点，也是练习思维导图法的基础，我们可以通过不断练习读书笔记，来提升自己抓取关键词和构建逻辑架构的能力。特别是在梳理结构时，通过不断关注到自己是否有做到同阶层同属性，来不断提升自己归纳、总结的水平。

从我这几年的教学来看，如果我们能在一开始认真制作读书笔记，并能不断认真检测自己是否做到了符合one word，符合同阶层同属性，那么在20~30幅之后，你的思维导图能力会逐渐提升，同时阅读能力、逻辑能力会有一个非常大的提升。这对于今后将思维导图法应用在其他领域是非常有帮助的。因此，要加油哦！

本节我们可以尝试从简单做起，请各位自行搜索《和时间赛跑》《生机》两篇文章阅读，并试着做一做思维导图。这两篇文章由易到难，相信你绘制后也会有自己的感悟。

除了这两篇文章，你也要试着去绘制自己正在学习或者阅读的文章和书本哦！

做好后，可以将你的思维导图发送到微信公众号"玉印思

维导图"，并记得告诉我你的感受哦！你的作品将有机会得到
点评，并有机会成为下一本书的案例哦！

三、听课笔记（会议笔记）

学会了如何用思维导图来阅读，我们可以尝试着绘制听课笔记
了。听课笔记包含听课笔记和会议笔记，虽然说应用场景不同，但方
法是相同的，因此在这里就不再将两者分开讲述。

我们重点讲一下听课笔记和读书笔记的异同。

绘制：杨雨琛

听课笔记与读书笔记之共同点：

它们的<mark>作用一样</mark>，都是我们更好地吸收外界的信息的方式，我们
能快速把握资讯重点，建立逻辑结构，从而达到"秒懂"。

它们的<mark>操作步骤一样</mark>。都是通过抓取关键词，将资讯做减法；再
通过建立逻辑结构，将资讯做加法。

抓关键词做减法很好理解，因为我们在抓取时必定舍去了那些不
是特别重要的信息，但为什么说建立逻辑结构是做加法呢？是因为我

们通过有条理的结构去理解一件事情，记忆和理解都会特别高效，所以做的是加法。

听课笔记与读书笔记之不同点：

几乎所有人都说听课笔记比读书笔记难，那么究竟难在哪里呢？

当我们在阅读时，不管面前是文章还是一本书，我们可以慢慢读，细细品。我们能看到它们的全貌，因此它们的可控度比较高。

听课笔记则是内容在讲述者口中，我们不知道他要讲多少内容、讲什么内容，也不知道他的逻辑结构。并且最为困难的是，我们必须在听的同时快速组织逻辑，抓住关键词。这些内容是一次性流逝的，没有重听的机会。

因此，听课笔记对我们的专注程度、逻辑能力、理解能力要求都比较高。

听课笔记难点的解决办法

那么，针对听课笔记内容未知、逻辑未知的情况，我们该如何解决呢？

第一，事先完善准备工作。

一般来说，听课也好，参加会议也好，主题是我们能事先知道的，因此我们可以将中心图提前绘制好。如果你有条件了解到本次课程大纲或者会议议题，就可以根据大纲和议题绘制好主干内容。

有的时候，一场会议有多人主讲，我们可以根据内容的多少，将每一位主讲者作为一个主干，或者为每一位主讲者分别绘制思维导图。

比如下面这张听课笔记思维导图，就是我大儿子刚上小学时，我在家长会现场绘制的。

中心图是我在家里就绘制好的，主干是我到教室时老师在黑板上写的三个议程，分别是校长讲话、班主任讲话和数学老师讲话，因此，我在会议开始前就绘制了三条主干。

曾经有人问我，为什么一开始就决定了"校长"这条主干的空间比较多呢？

因为老师通知开家长会的时候，告诉我们大约两个小时，我看到黑板上这三个议程时，又偷偷问了老师校长大约会讲多久。老师回答我说校长大约讲一个小时。所以，我就根据演讲者所占的会议时间分配了空间啦。

第二，聆听过程中随机应变。

在聆听过程中，我们必须全神贯注，保持大脑高速运转，根据各种情况随机应变，快速抓取讲述者的逻辑以及所讲内容的每一个关键点。

有些讲述者会在开场时就告诉听众此次演讲内容有哪几个方面，这种情况下的听课笔记就相对容易了，我们可以快速绘制出主干，接着分别听取每一块内容的要点，逐步整合到主干下就可以。

我们来一起看一看下面这张听课笔记思维导图。

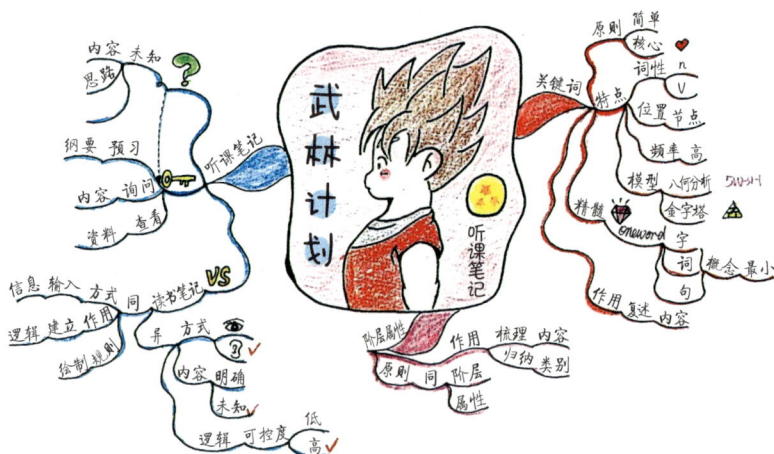

这张思维导图的内容是"思维导图武林计划"网络课程第三课的听课笔记，是由侯璨敏绘制的。

她是一位高中语文老师，学习思维导图法之后一直将它应用在教学中，她几乎讲解每一篇课文都结合了思维导图法，在之后的篇章中，我会详细介绍。

"思维导图武林计划"课程有一个特点，就是在每一次课程开始时就会抛出本次课程的主题和大纲，接下来的课程内容就紧紧围绕大纲内容展开。在这次课程中，我们主要讲解了关键词、阶层属性和听课笔记的绘制方法，因此侯璨敏老师在课程开始时就明确了主干内

容，接着在听课过程中不断组织填充每一个主干下面的逻辑和要点即可。

有些讲述者可能不会在一开始就告诉我们大纲，那么我们就需要不断地判断其逻辑，也可以根据自己的需求整合要点。

在这种情况下，很难有捷径可以走，我们需要在不断的练习中提升自己抓取关键词的能力，提升自己整合逻辑架构的能力。

有人说由于不知道老师要讲多少内容，所以很难把控思维导图的布局。

当我们实在无法掌控空间布局时，我认为有两种解决方案。

一是尝试通过时间判断。如果会议时间是固定的，比如预先通知了是两个小时，即便超时也不会超太久，那么，我们可以在过了半个小时的时候绘制右上象限的空间。

二是直接用软件绘制。用软件绘制基本上能完美解决听课笔记中的所有问题。因为软件可以随意剪切、粘贴，还可以根据进展随时调整逻辑结构和空间布局，所以，基本上一招就解决了所有问题。

但我个人建议，初学思维导图的人，一定要先从手绘开始。正是因为手绘有不允许更改的高要求，我们可以逼着自己专注地听，做判断、整合，这样才能快速提升自己抓关键词、建立逻辑框架的能力。

一开始，我们或许做得并不完美，绘制的思维导图或许并不非常好看，逻辑或许并不十分严谨，关键词或许并不完全准确，但这又有什么关系呢？有错误的地方干干脆脆地划去，清清楚楚在旁边写上正确的就可以。

我们又不是要拿去展览，何须它极尽完美？只需要它帮助我们更好地掌握这次的听课内容或者会议内容就可以了。被自己划去的错误，告诉我们这样做不对，下次就会做得更好！

我极力建议我的学员们不打草稿，不管是读书笔记还是听课笔记，都建议他们一次成形。

因为打草稿就暗示了自己，"反正要重新绘制，出错也没关系"，所以不会尽全力要求自己一次就做成功。

反之，如果每次都只画一张，我们就会下意识地要求自己尽全力做好。在这样的一次次尝试中，我们必定会做得越来越好，也必定可以一次就做得很完美！在一开始，勇敢地接受自己的不完美，是为了今后能一次性做得很完美。

熟练掌握手绘思维导图之后，我们再用软件，就能真正做到轻松驾驭、得心应手了。

我们有一位学员叫向燚，她是一位公务员，在参加一个解读《监察法草案》的课程时，她做了前面这幅听课笔记的思维导图。但绘制后她非常困惑，她说授课老师居然最后省略了内容，导致她预留的左边空缺了，只好加上了自己的一点总结。

我告诉向燚：这就是我们在绘制听课笔记时经常会遇到的状况，因为主控权在讲者手上，即便我们布局做得再好，也总会有意外出现。我觉得向燚已经做得很好了，在空白处加上自己的总结，也是一种很不错的方式。就这样接受自己绘制的笔记，并且去欣赏它、赞美它就好啦！下一次我们一定会绘制得越来越好！

听课笔记的好处

提升专注程度

在我们绘制听课笔记的过程中，不断抓取关键词和组织逻辑让我们的大脑保持着高速运转，因此保持了极高的专注度，对于整个课程或者会议内容的吸收就更完整了。

提升理解程度

在专注的基础上，我们又针对讲述者所说的内容不断分析判断哪些是关键，哪些可以整合，其内在逻辑如何。这个过程让我们能快速掌握其中的要点和思路，提升自己对于内容的理解程度。

方便今后复习

当我们的笔记脉络清晰、要点明确，又图文并茂时，今后的复习是非常快速和非常开心的。

这些关键点就像一个个钩子，可以帮助你快速回忆起演讲者的主要内容。

方便与人分享

不管是听课笔记，还是会议笔记，将好东西与人分享总是一件非常快乐的事情，我个人是非常喜欢将笔记与他人分享的。

我记得在几年前去"丁香园"参加一个宣传会议时，随手将一张听课笔记思维导图发在微信群里，立刻引起了大家的围观，许多朋友加我微信，并且在发出几分钟之后，就收到"丁香园"副总的消息，问我是否可以将这张思维导图作为会议报道的封面图在微信公众号中推送。

由此我和丁香园结下了缘分，后来丁香园组织的医疗行业全国峰会、内部的高层交流会也邀请我去绘制会议思维导图，这些都是后话了。

很多学员因为分享思维导图获得了人生的新机遇。比如，第三季思维导图认证班的学员王迪，因为一张分享在微信群中的思维导图，受邀到田朴珺的公司就职；卓朝丽因为分享听课笔记的思维导图，受邀为一家知名的英语培训公司绘制与课程配套的思维导图笔记。

这样的例子非常多，我想这是由于我们热爱分享，而且分享有物所带给我们的缘分和机遇。

不仅是与其他人分享，内部的分享也是如此。有一份这样言之有物的听课笔记，在内部会议中进行上传下达，也会让我们对会议的理解变得更加容易。

听课笔记的练习方式

首先我们可以在平时的课程和会议中不断尝试，也可以选择一些网络上的视频课程。现在网络中各种视频课非常多，我们可以选择自己感兴趣的进行练习。初期可以选择时长短一些的视频，熟练后可以慢慢延长，后期也可以选择一部电影练习听课笔记。

其至还可以去电影院观影，试着做观影笔记。电影院观影的特点在于由于灯光非常暗，你不能进行实时记录，因此需要在脑海中不断组织电影的结构，观影完成后在脑海中形成思维导图，回来再绘制出来。如果你能做到这样，就真的是大师级水平了。后面有几幅"武林计划"网络课程学员的观影笔记赏析，是非常值得欣赏的。

四、观影笔记

观影笔记这一小节的内容，我们用几个学员的作品来举例，请大家仔细阅读。

【观影笔记思维导图赏析】

《冰雪奇缘》思维导图作品1

作者：易琳

我第一次尝试用蓝色系做导图，为的就是和"冰雪"主题相匹配。连落款都用了银色的笔写，没有盖上印章，也是为了不破坏整个画面的风格。因为不擅长画人物，所以我果断放弃了用艾莎和安娜做中心图的想法和尝试，用了雪和电影名字做中心图，雪花的六个角中，四个直接做了主干，采用起承转合的框架。

《冰雪奇缘》思维导图作品2

作者：董季节

中心图是冰雪女王艾莎，四个分支分别为电影的基本信息、主角、歌曲、剧情。剧情分为了五部分：①亲密无间，②突发意外，③咫尺天涯，④矛盾爆发，⑤真爱无敌。

玉印评：

从这两张思维导图的风格来看，易琳用了纯蓝色调，走的是冰雪风；季节没有过多强调冰雪，而是绘制了艾莎的形象。可以看出两个人对于电影的感受是不同的。

从内容来看，易琳纯粹从剧情的角度来解读；季节加入了这部电影的简介、主角、歌曲等。这里可以看到两个人关注的点是不同的。

从逻辑来看，易琳用故事的起承转合来梳理逻辑，而季节则是从两姐妹的感情线梳理的，因此两个人对事物的理解角度也是各不相同的。

总的来说，两张思维导图都是要点比较明确、逻辑比较清晰的。特别是季节这张思维导图中，主角的女、男和它很有意思，如果换成她、他、它就更有意思了。当然，如果能把细节上的关键词和同阶层同属性做得更好，就更完美了。比如季节这张思维导图中，剧情"咫尺天涯"下面的地精和隔离，一个是人物名词，一个是动词，改成地精、姐姐、妹妹就更好了。再如，父母遇难、互不理解等关键词做好，就会发现逻辑可以再严谨一些，改成父母——遇难，姐妹——生气、暴走，国家——冰封。这是季节比较早期的作品，后来她通过持续练习和提升，在2017年思维导图世界锦标赛中获得了冠军。

作业

请大家听最强大脑教练袁文魁老师的视频课《如何打造属于你的最强大脑》，并绘制听课笔记。

做好后，可以将你的思维导图发送到微信公众号"玉印思维导图"，并记得告诉我你的感受哦！你的作品将有机会得到点评，并有机会成为下一本书的案例哦！

第六章

思维导图法+写作

　　如果说思维导图法+笔记法，是让我们更好地将外界的知识吸收到大脑中，那么思维导图法+写作就是一个完全相反的路径，是围绕写作命题将大脑中已有的知识结构严谨、角度新颖地输出。

一、写作"四部曲"

　　不管是学生写作文，还是职场写材料，都有审题、立意、构思和润色四部曲。

　　①审题。我们要解读命题，充分理解、明确写作的目的和要求。

　　②立意。立意分为发散阶段和收敛阶段。发散阶段是在明确命题要求的基础上，充分发散思维——利用BOIs的发散思维思考模式，让大脑中与之相关的内容输出。收敛阶段是在完善而有条理的素材中查看哪些点是与当今社会热点非常吻合的，哪些反映了正能量，哪些是对自己内心非常有触动的，等等。

　　③构思。当我们选择了一个合适的切入点，就要围绕这个点建立我

们的逻辑架构，构思我们文章的体裁和让这个立意巧妙绽放的方式。

④<mark>润色</mark>。任何文章如果是干巴巴的，再好的创意也会打折扣。因此，我们在最后需要利用修辞手法进行润色，让我们构思的文章不仅有良好的框架，更有血有肉，更为生动。

在这里，<mark>立意和构思</mark>两者与思维导图法的关系最为密切。因此，我们分别用几个例子来说明如何用思维导图法做好这两个步骤。

思维导图法+立意

前些日子，我家孩子在学校里接到了一则作文比赛通知，题目为：请以"纸"为主题，自拟题目，创作一篇作品（小学组1000字以内，初中组2000字以内），文体不限（小说、诗歌、散文、戏剧等文体，古体诗除外）。

首先，我们明确了主题、题目、文体的要求，由于我家孩子读小学三年级，因此1000字以内就可以。

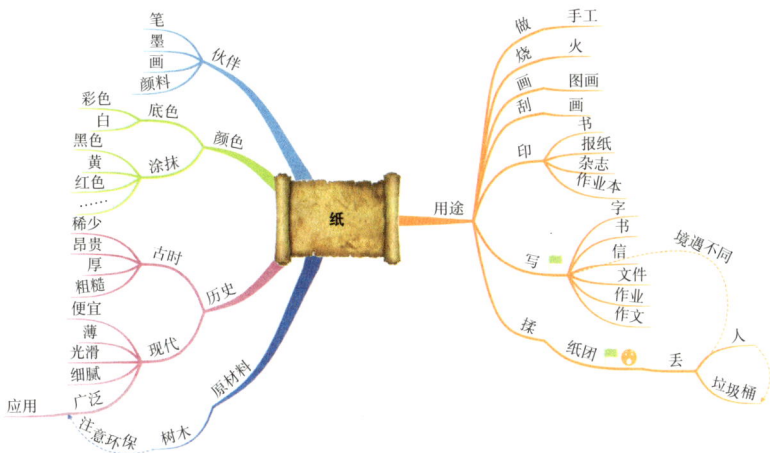

其次，我们围绕"纸"发散思维，让大脑中与"纸"相关的任何

东西都浮现出来。

这个过程其实很令人兴奋，我们一下子就会想到它的用途，又想到它的伙伴有哪些，思维是跳跃的，因为思维导图的逻辑架构，我们可以在这些主干上随意地跳来跳去，可以将脑海中蹦出的任何一个想法接续到它应该在的地方。

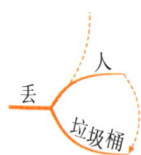

最后，儿子说他可以把纸揉成一团丢人，这在他们班级里也是经常玩的游戏，当我们想到"丢——人"的时候，又顺口说了，还可以丢到垃圾桶。忽然他就感叹了："哎，你看看同样是纸，竟然境遇如此不同，我们家书架上的书也都是纸做的，被精心保管收藏，而有些只能在脏脏的垃圾桶里。"

这话一说出口，我就帮他把两者联系起来，并依着他的感叹写上了境遇不同，就在这一瞬间，他的灵感就来了。他说："不如我们就写一写两张纸不同的境遇，以及造成不同境遇的原因吧！用童话的形式来写！"

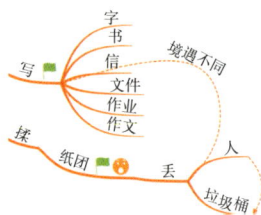

于是，他几乎是一挥而就写下了这篇《书房里的对话》。后来，老师在一些字句上帮他进行了润色，看起来还是非常不错的。

书房里的对话

南明小学三（4）班：方新余

我家的书房让我喜欢，也令我烦恼。

最烦恼的莫过于书房里那张堆满了作业本的大书桌了！因为

妈妈每天都要求我坐在书桌前安安静静、认认真真地写作业。大人们似乎都喜欢看到我们这样，可是我心里却不这么想。因为我最喜欢的地方，是书房里那个又舒适、又温馨、又好玩的阅读区。阳光透过落地窗投射进来，我窝在一堆软软的靠枕里舒舒服服地看书，别提有多惬意啦！

这天中午刚吃完饭，妈妈就把我赶进书房，还要求我必须在一个小时内做完作业。我觉得妈妈实在是太像《西游记》里的唐僧了，天天念叨让我好好做作业，就像给我念紧箍咒，让我头疼。

妈妈刚一走开，我就蹦进了阅读区，捧着我最爱的书津津有味地看了起来。看着看着，温暖的阳光晒在身上，一阵阵睡意袭来。迷迷糊糊中，我仿佛听到了一阵窃窃私语，好像有人在争论什么。

我仔细一听，一个细细的、有点尖锐的声音不满地抱怨道："我还真是不服气，凭什么你就可以舒舒服服地住在漂亮、干净的书柜里，而我只能蜷成一团，和这些无用的铅笔屑、香蕉皮一起，躺在这个丑陋、肮脏的垃圾桶里？"

另一个声音听上去倒是挺温和的："朋友，难道你真的不知道是为什么吗？"

"我当然不明白！同样是纸，同样是纸做的笔记本！你我的待遇却有天壤之别！"尖锐的声音里夹杂着清晰的抱怨。

另一个声音还是那么心平气和地说："每一次小主人那尖尖的笔头刻画在我的身上，我虽然很疼，却也觉得幸福，因为我身上又记载了小主人的进步。"紧接着传来一阵窸窸窣窣的声音，它仿佛在翻开书页："你看，我身上这些曾经受伤的痕迹，变成了越来越多的知识。可是，我看到，刚才小主人在你身上写字的时候，你因为疼痛故意使坏，打翻了墨水，弄脏了自己，不就只能被扔进垃圾桶了吗？"

这个时候，那个尖锐的声音似乎有些惭愧，声音变得低低的、小小的，"我……我……"它嗫嚅着，最终什么也没有说出来。

忽然，我听到妈妈在我旁边呼唤我："宝贝，你怎么睡在这里啊？如果想睡，就睡到床上去吧！"末了，妈妈还不忘习惯性地嘱咐一句："睡好了，赶紧写作业！"

"不，妈妈，我现在就写！"说着，我一骨碌爬起来，迅速坐到书桌前，打开书本，认认真真地写了起来。妈妈一脸茫然，自言自语道："这小子，怎么忽然这么听话了？"

"历经卓绝，方得始终；唯有刻苦，方得尊重！"我心里默念。再看着垃圾桶里的作业本，我摇了摇头，会心地笑了。

当我把这个发散思维的方法讲解给"武林计划"网络课中的学员们时，其中一位学员是初中语文老师立刻有了尝试这个方法的冲动，于是她在纸上随意勾画着一幅与"花"相关的思维导图，并由此写下了一个感人的故事。

[解说]——若渔老师的作品

这件事是我亲历的。那个冬天，大雪簌簌飘落，牵念幽幽滋生，归者迟迟来现，持花盈盈笑倚……人生最可贵的是身处困厄之中，却能有一份从容面对的乐观心态。就这样一直被她打动着，被她激励着，萦绕在心，温暖在握，却难以言表。直到听到王老师讲思维导图和写作的关系，说到一个三年级的小学生，由一张纸发散开：纸团—垃圾篓—创作一篇很有新意的作文。

《窗前有枝郁金香》

我不经意想到春天的花，百花、假花、郁金香、真情……自然而然地那久违的情感故事自笔底喷涌而出，不知怎的，那一刻如花事散开又聚起，忍不住记下来。

窗前有枝郁金香

作者：若渔

在办公室的窗台上，有一簇郁郁葱葱的水竹，中间有一枝猩红的郁金香。

这枝郁金香是塑料材质，是一枝假花。我这样一个挑剔的人，向来不喜欢假花，从来不接受假花也不购置假花的。

而眼前的这枝郁金香却在我的窗台放了很久很久，对这枝假花我始终小心呵护，像对待我喜欢的水竹一样，定时换水，拂拭上面的灰渍，放在阳光最充足的地方。

在我眼里，这枝花是一张笑靥如花的脸，是一个希望的故事。

她是我的一个同事。

记得那是两年前的冬天，她经历完一次大手术，还在化疗和治愈期，刚刚结束病假，她就站在了讲台上，办公桌上放着五颜六色的药片，刺眼刺心，还要定期打化疗针。

这天，外面下着很大的雪，我内心忐忑地等她回来，作为同事，我感觉到她最近的疲累，她的爱人被派外城驻村五年；她的母亲重病在床，重度肾衰竭，每周透析三次；她的父亲几年前半身不遂脱险，病愈后行动不是很便捷；而她的宝贝孩子，上四年级，正是淘气需要花精力陪护的年龄。

总之，生活可以概括为一地鸡毛！

学校减少了她的工作量，可她从不懈怠，总是拖着瘦弱的身体尽力多做事，只要身体允许，她都在认真修改学生文稿，指导学生多读书，多是工作到八点钟以后才下班回家，很多时候我感觉她走路都是轻飘飘的。

今天她坐公交车去打针，还要赶回来上课。这大雪天……路滑……我正心里念叨，就看到她从外面急急地冲进来，灰白色的脸上满是笑意，手在背后藏着什么，她走到我面前，突然从身后挥出一枝花说："猜猜是什么？"细看原来是一枝鲜艳猩红的郁金香。"哎呀，买了一枝花啊。"她说："哈哈，是在雪地里捡的，没见过雪地里开这么美的花吧！快帮我放好！"

我将花捧在手里，看着她欢快地转身去教室上课，很快，教室里传来生动有趣的讲述声，是她的。

我的心口开始发热，生活中还有什么困难不能面对呢？

这枝猩红的郁金香被放进了水竹中间，郁郁葱葱的绿竹环绕着独树一帜的猩红。

不知怎的，她消瘦的脸上的喜庆、她的乐观的情怀像极了这枝郁金香，一枝在寒冷的冬季、在雪地里绽放的郁金香。

从此，窗台上有了一枝艳艳的郁金香，热烈地盛开在四季。

若渔老师说——

最感谢王老师提供的灵感作文启发模式，对我在作文教学上有很大的启发，重新认识学生的写作天赋，相信每个学生都是写作天才，只是有时没有找到突破口。利用思维导图进行创意作文，实在妙不可言。

是的，如果我们在每一次写作之前，都做一次这样的思维发散，何愁找不到合适的立意呢？

思维导图法+构思

构思文章的结构，其实可以从我们做读书笔记的方法中借鉴。每一份读书笔记都有相应的主干，这些就是该文章的逻辑架构。

我们可以尝试对不同类型的文章进行思维导图解构，学习它们的思路、结构，今后在撰写类似文章时就信手拈来了。

还记得我们做读书笔记时举例的《赵州桥》吗？这篇文章从概况、构造、外形和影响四个方面呈现了一座栩栩如生的赵州桥，今后我们在写说明文时，是否可以参照这样的结构来写呢？

还记得在观影笔记《冰雪奇缘》赏析中，易琳绘制的思维导图吗？她通过起、承、转、合表述了一个跌宕起伏的故事。那么在写人物、写故事的时候，我们是否也可以用这样的结构来写呢？

在"武林计划"网络课中，我曾经邀请第一季毕业生、高中语文教师杨泽老师给大家详细讲解如何用思维导图法来写作，杨泽老师就提到了用起、承、转、合及"黄金圈"等模型构建写作思路，并布置大家写一篇高中作文《重读长辈这部书之父亲母亲的爱情》。

　　其中，易琳的文章就是套用了起、承、转、合的模型，搭建了思维脉络，又围绕思维脉络添加了血肉情感。文章娓娓道来，情感跌宕起伏，令人唏嘘感动，我们来一起欣赏一下。

重读长辈这部书之父亲母亲的爱情

作者：易琳

　　我的母亲，是一个强势、易怒且脾气急的女性，外公家子女较多，唯母亲性格泼辣，深得外公喜欢，家里的事情基本上由母亲做主，包括舅舅们恋爱。工作中，母亲也是业务主管，说一不二，严厉、严谨、严肃。父亲，为人细致、稳重，更多的是睿

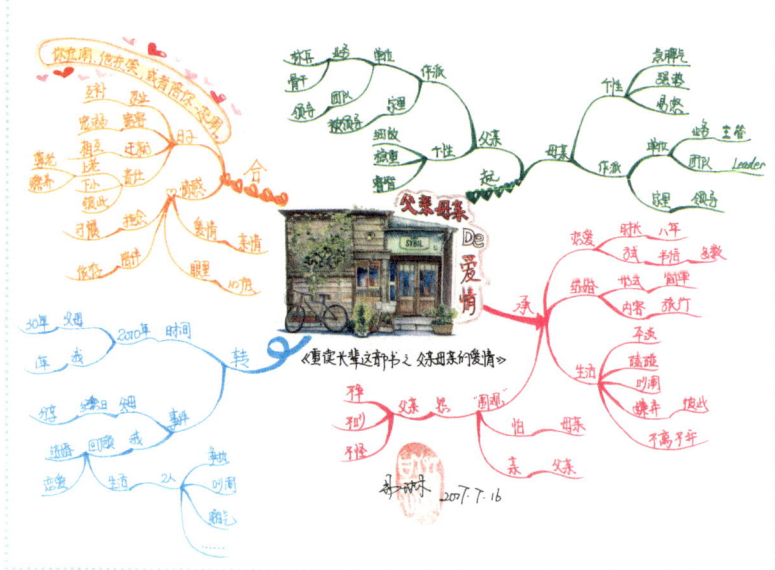

智、聪明，还挺帅气，是单位里的业务标兵、技能高手。

我的父母亲是自由恋爱的，长达八年的爱恋，每每提及都让我慨叹不已。那时候车马很慢，还在用写信作为主要的沟通、交流方式，多数情况下，父亲母亲就是靠着一页一页的信纸，在这八个春夏秋冬中含蓄地表达着爱恋。爱情应该是以婚姻为中点，开始一轮新的生活。父亲母亲的婚礼简单朴素，以亲朋好友吃了一次饭为形式，旅行结婚，在国内的大城市走了走，也算是见过世面吧。

一年后，我出生了。

打从我记事开始，母亲就是早出晚归地上班，父亲在家陪伴我的时间比较多一些。印象中，母亲总是晚上在厨房给我做出一桌子好吃的饭菜，很多时候够我和父亲第二天中午的午饭。记忆中更多的是母亲的絮絮叨叨、没完没了，到了青春期的我，更觉得母亲真的很烦啊，总是对父亲多般嫌弃，一点点小事总是说很多很多次……而父亲更多的时候也只是听着母亲絮叨，并无多言。那时候，我很怕母亲，可以说是畏惧，而和父亲更亲一些，有啥事，也更喜欢和父亲讲。和母亲生气的时候，也会跑去问父亲，为什么对母亲这样的脾气不争、不吵也不责怪她呢？父亲总是和我说："你妈妈心是好的，都是为你好，只是方式方法不对，你要理解……"时间久了难免质疑：这样的日子如何过？我以后才不要过这样的日子呢。

时间如流水，我也马不停蹄地长大了。2010年9月，父母结婚30周年，我给他们庆贺，办了几桌，邀请了亲戚朋友……父亲和母亲都很高兴。席间，父亲和母亲相互碰杯，说："感谢你30年的陪伴，不离不弃，我们再走30年……"我的眼泪都快下来了，而那时的我，刚刚结婚不到一年，亲身体验了婚姻生活，当我从配角变成主角的时候，我才深刻地感受到父亲母亲的爱情、婚姻、生活。

打开《父亲母亲的爱情》这部书，没有绚丽多彩的描述，没有刻意为之的表达，只剩下朴实无华、如流水账般的记录。情感在岁月的冲刷下，由五彩斑斓的爱情逐渐演变为不离不弃的亲情；从眼里全是你到心底只有你；从想要时时刻刻的陪伴变成了相依相伴；从挂念在心养成了有你在旁的习惯。读着这部看似无关爱情的书，我深刻地体会到了日子就是这么朴实无华，是彼此相互忍让，让各自的优点得到展现，弥补对方的缺项；是多一些宽松，甚至可以是宠溺；是相互的迁就，而不是非得分出黑白；是责任和担当，是尊老爱幼，是赡养老人、教育子女，是彼此的支持、鼓励和提携……

合上这部书，闭上眼睛，最好的爱情经得起风雨、经得起婚姻、经得起岁月；最好的爱情，无非就是"你在闹，他在笑，或者陪你一起闹"。

易琳书写的这篇文章，让我们的心情也随着她的情节深入或喜或悲，最后感动不已。这固然是易琳文笔优美、感情丰富，也得益于起、承、转、合的故事模型，我们可以在阅读文章时积累。

只要我们多阅读各种类型的优秀文章，如议论文、记叙文、说明文等，就能写出很多优秀的作品了。

二、写书

不仅仅是写一篇文章，即便是写一本书也是一样的。我在写这本书之前，问了自己无数次为什么要写这本书？这本书是针对哪些人群的？可以给读者带来什么？这不就是一个审题的过程吗？

接着，我想：我可以写些什么？以什么角度切入？

我曾经和袁文魁老师一起策划写了一本故事体的思维导图法的书，但写了几万字，我俩都觉得不甚满意，就此搁置下来了。

再后来，我想到了"武林计划"网络课的课程，看到"武林计划"课程中培养出来的一个又一个优秀的思维导图应用者，我想我能以"武林计划"网络课程为基础展开各种理论和应用的论述。这不就是一个立意的过程吗？

然后，我去构思以什么样的逻辑架构来展开这些知识点。我想到了"5W3H"（八何分析法）的表述模式，选择了其中的三条，即为什么要学习思维导图法，思维导图法有哪些内容，学习后有什么样的好处。再围绕着内容展开技法、形式、心法、应用等内容论述。这不就是构思的过程吗？

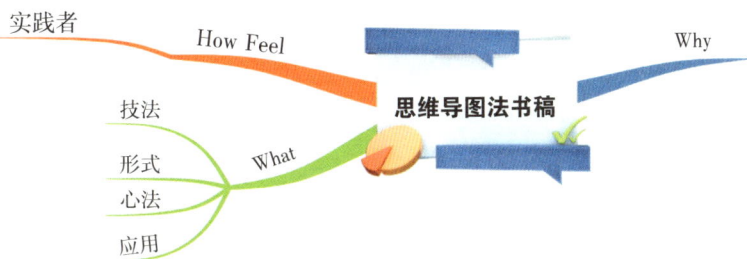

就是上面这样一幅简简单单的图，有了今天这本凝结着我关于思维导图法多年学习、应用和教学成果的书。

三、写材料与规划课程

审题、立意、构思和润色，不仅在写文章时可以套用，在职场写总结、写报告时，或者老师设计课程时也是可以套用的。

但在写总结、写报告或者设计课程时，立意这一步是在发散思维后，思考谁来看我们的材料，谁来听我们的课程，他们的需求是什么？他们想看到哪些内容？哪些是可以吸引他们的，哪些是他们需要的？围绕这些点，做好收敛，选择内容。

之后，再思考什么样的逻辑方式是这份材料或者这堂课的目标对象所能更好接受的。

总之，站在对方的角度去思考，呈现对方关注的点，而非只呈现我们想要表述的。

我还在医院里工作时，给单位的同事讲过一堂制作PPT文件的课，当时我就是用思维导图设计课程的。

在立意的环节，我考虑到了听课的同事基本上只会用office 2007版，对面板上的各个功能也不太了解。因此，我不仅要告诉他们最新的PowerPoint有什么优势，介绍软件各部分的名称、作用，还要告诉他们如何使用。不仅要教会他们怎么用PowerPoint，还要告诉他们如何将内容更好地呈现和表达出来。

考虑好这些内容后，我将课程思路构思成器、术、道三个部分。

《PPT Xia三器、术、道》
3 3 部

"器"，讲解office不同版本的功能变化，让大家感受到好处，再讲解软件各部分功能。

"术"，讲解各部分功能如何使用，操作中遇到的问题该如何解决，有哪些快捷键可以又快又好地完成工作。

"道"，讲解我们要如何从听众的角度来选择内容，如何断舍离，如何权衡主次，如何构建逻辑。

实际上，我们会发现任何事物的理解、记忆、表达和沟通，与思维导图的核心——做内容的断舍离、构建逻辑，在原则上都是一致的。因此，不管是吸收还是表达，只要我们能掌握好思维导图的核心理念，都一通百通了。

作业

　　如果你刚好有需要撰写的命题文章，请尝试用写作四部曲来书写吧！

　　如果没有，你可以同若渔老师一样，从心灵出发，选择一个身边喜欢的物品发散思维，尝试着寻找一下你的灵感吧！

　　做好后，可以将你的思维导图发送到微信公众号"玉印思维导图"，并记得告诉我你的感受哦！你的作品将有机会得到点评，并有机会成为下一本书的案例哦！

第七章

思维导图法+活动方案

在工作和生活中，我们常常会遇到需要制订一个活动方案的情况。

比如，我还在医院办公室工作的时候，年终慰问、大型会议、检查接待等都需要制订方案。我先生开的跆拳道馆，但凡举行学员毕业典礼、招生活动、道馆装修等也都需要制订方案。

再如，小到为孩子举办生日会也需要事先思考和制订计划，才能圆满地完成。

在策划这些方案时，有一个非常简单又好用的方法，那就是"5W3H"（八何分析法）。前面在讲解关键词和写作时我们已经多次提到了八何分析法，这个思考模式真的非常经典，它可以在许多场景中应用。当思维导图法结合八何分析法之后，就好像是双剑合璧一般，更具威力。

曾经，浙江省财政厅总预算局的伙伴们将思维导图与八何分析法双剑合璧，思考和策划了"上门服务至少一次"活动，成为浙江省财政厅党组丰富和深化浙江省委省政府首创的"最多跑一次"改革的重大创新举措，既传导了财政改革的力度，又体现了财政服务的温度，广受预算单位和基层财政部门的好评，获得了2017年浙江省机关党建工作十佳品牌的荣誉。

对于思维导图法我们已经有所了解，这里我们来具体了解一下八何分析法的内涵，以及两者结合起来如何应用。

一、 什么是八何分析法

八何分析法的前世今生

八何分析法究竟起源于哪里，由何演变，众说纷纭。

有一种说法认为，最开始为5W（What、Why、When、Where、Who），是在1932年由美国政治学家、传播学四大奠基人之一的哈罗德·拉斯韦尔最早提出的一套传播学模式。他提出了传播过程及其五个基本构成要素，即谁（who）、说什么（what）、通过什么渠道（in which channel）、对谁（to whom）说、取得什么效果（with what effect），即"5W模式"。这个模式简明而清晰，成为传播过程模式中的经典。后经过人们的不断运用和总结，加入了How，逐步形成了一套成熟的"5W+1H"模式，被称为六何分析法，引入管理学中。

另一种说法认为，最早由拉雅德·吉卜林于1902年提出，因为他在《跟鳄鱼拔河的小象》（*The Elephant's Child*）中写下如下诗句：I keep six honest serving-men（They taught me all I knew），Their names are What and Why and When, And How and Where and Who. 意思是：我养了六名忠实的仆人（我所知道的都是他们教的），他们名叫何事、为何与何时，如何、何地与何人。

还有人说，第二次世界大战中美国陆军兵器修理部首创了"5W2H"（What、Why、When、Where、Who、How、How much），称为七何分析法。最后不知道什么时候，加入了How feel，构成了八何分析法。

而实际上，在中华文化中早就有"知其然，而不知其所以然"的说法，探究的是What与Why。

不管八何分析法的"5W3H"来自哪里，或是哪种经典的方法经过了多次的演变和完善，才逐渐定型流传的，我们需要的只是这个思考模式，它简单、方便，易于理解和使用，富有启发意义，既可以从大量资讯中有重点、有逻辑地吸收信息，也可以用这个模式将内心的想法有条理地表达出来，还可以让它结合外界的资讯与大脑中既有的知识碰撞，让它们更具创意。因此，八何分析法被广泛用于企业管理、决策、方案策划和技术活动中。

八何分析法的内涵

我邀请焦杨老师绘制了一幅思维导图，相信可以让大家更好地理解八何分析法各个要素的内涵。

焦杨老师的这张思维导图绘制得比较完整，不仅可以用于制订计划、方案，还可以用于问题分析解决、技术检测等，我们可以一起学习一下。

Why（为什么）

在解决问题时，我们首先考虑这件事为什么是个问题，与常规事件进行对比不同在哪里，为何异常；其次考虑的是，在众多问题中这件事有没有必要去做，为什么非做不可，等等。

在策划方案时，我们要考虑为什么要策划这个方案，期待通过这个活动达成什么样的目的。

这些分析会让我们洞悉做事动机、缘由、目的，深入思考问题或者事情的本质。如果确实没必要这样做，可以及早停止或做其他重要紧急的事情。

What（做什么）

确定要解决的问题或者要做的这件事，并明确动机、目的之后，接下来就要明确工作的内容。

在解决问题时，我们要考虑工作的质量和数量到底出现了什么问题，如何做才能解决。

在策划方案时，我们还要考虑围绕Why发散的动机和目的，我们要做哪些内容才能实现。

Where（什么地方）

这里的Where不仅是指代方位地点，还可以是其他的。

在解决问题时，它可能是整个单位中的某个部门，也可能是一个大事件复杂环节中易于攻破解决的小关键点，还可能是某个关系网络中的某个人物，总之是问题的切入点。

在策划方案时，Where是指实施方案的地方，它可能是地点，也可能是某个部门。

When（时间）

这个要素很好明白。不管是解决问题还是制订方案，都有时机、期限，以及分段实施的节点。

Who（谁）

人，包含了主体和客体。

主体是实施者，这个方案由谁解决、谁策划、谁实施。客体是指相关人员、被服务对象等。

比如举办会议，主体有主办方、承办方，客休有嘉宾、与会者。

How much（成本）

不管是解决问题还是策划方案，都会涉及财务。钱从哪里来，又如何用出去，如何才能让来源更多，如何才能整合资源将投入成本降到最低，都是我们必须考虑的成本问题。

How（怎么做）

这一步是对之前所有项目的整合，也就是将所有思考过的信息、环节，进行统整，然后安排出一个要点明确、环环相扣的操作流程。

How feel（结果）

Feel直译是感觉，但在这里是指做了这件事情之后大家有什么感受，收到了什么样的成果。

二、为何要双剑合璧

曾经有伙伴问我，既然八何分析法已经如此经典，用它来思考就已经可以为我们指明方向，为何还要加上思维导图法呢？

八何分析法确实非常棒，它让我们的思考模式从源头就呈现放射性，因为在我们思考问题的开始，就打开了八个思考的路径。

但是，如果我们在这八个思考路径内，又回到了传统条列式的思考模式，那真的就太过可惜了。

我们举一个最简单常见的例子——为孩子策划生日会，来看看两者的不同。

不同点1：结构化思考模式更具广度和深度

条列式思考模式

我们都知道，传统模式下的思考是整段话的，是线性条列式的。比如，我们思考Why（为什么要为孩子策划生日会）时，可能会想到——

一是要让孩子开心，得到祝福，感受家庭的温暖。

二是家里也可以热闹一番。

结构化思考模式

而思维导图法的思考模式讲究的是关键词思考，是放射性、结构性思考，是分类和分层思考。

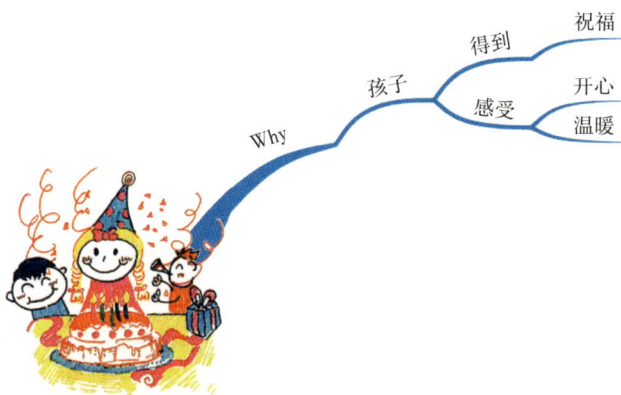

因此，想到"要让孩子开心，得到祝福，感受家庭温暖"时，我们自然而然会将"孩子""开心""得到""祝福""感受""温暖"这些关键词提出来。

又因为要同阶层同属性，我们就会把"得到""感受"这两个动词放在"孩子"后面。把"祝福"放在"得到"后面。把"开心"和"温暖"一起放在"感受"后面。

但当我们阅读"得到""感受"时会觉得有些拗口，不如改成"得到""感到"。因此，就会变成下页图的形式了。

当这个形式出现的时候，我们的大脑中会很自然地从"孩子"来

brain bloom（进行水平思考），除了"孩子"还可不可以有其他"家人"呢？

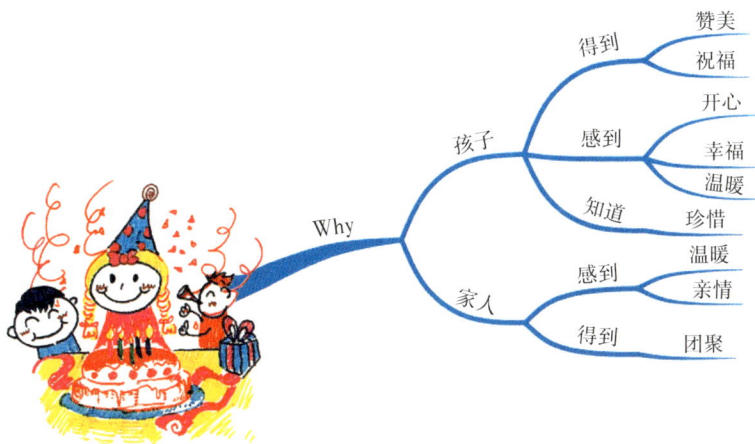

或许也会从"孩子"进行垂直思考，除了"得到""感到"还可不可以有"知道"呢？

我们还能从其他任何一个关键词出发，不断进行水平思考和垂直思考。

比如，"得到"——"祝福"，还可以"得到"——"赞美"等。

如此一来，每一个关键词都成了我们思考的"活口"，每一个"活口"都可以不断往水平方向扩散，又可以不断往垂直方向深入，让我们的思维极具发散性。它们又像一个个钩子一样，钩住与之相关的想法，使之环环相连，成为一个逻辑清晰的整体。

我们稍稍发散思维就可以得到这么多的想法，并且看起来逻辑是如此清晰。

你看相比传统的条列式思考模式，思维导图法的结构化思考模式是否更深入、更完善，并且更有条理性呢？

不同点2：结构化思考模式更具全局观

我们用传统的思考模式来书写方案时，可能会一一写下这八个要素。

在这里，我们就以给孩子办生日会为例说明。

①Why（为什么要为孩子策划生日会？）

让孩子开心，感受家庭温暖，家里也可以热闹一番。

②What（为了要达到Why，要做些什么？）

带孩子买礼物，去游乐场所玩，能让孩子开心。

邀请亲戚来家里吃饭，举行家庭晚宴，吃蛋糕。可以很热闹，很有温暖的家庭氛围。

③When（什么时间？）

生日当天!

④Where（哪里呢？）

去童玩城玩，去商场买东西，在家里吃饭或者去饭店吃饭。

⑤Who（有哪些人呢？）

孩子，好朋友，同学，亲戚，家里人。

⑥How（流程如何走呢？）

先去游乐场，再去买东西，最后吃饭。

⑦How much（预算多少？）

先定下一个预期价格，然后逐步分配到玩、吃、购物等。

⑧How feel（结果如何？）

期待能在合理花费的情况下，达到孩子开心、家人满意的结果。

我们可以看到，即便在内容如此简单的情况下，依然没有体现出相互之间的联系。如果方案有几页纸，那么查找关联性就更难了。

而思维导图呈现的却不同，由于它的结构化、分类分层的思考模式是在一张纸上呈现全貌，我们仅凭一张纸就可以把控全局。就像博赞先生所说："思维导图好比是行军打仗的布阵图。纸张上的每一个要点、要点间的每一处关系，我们都一览无余。"

我们还可以通过小图标、小插图看到重点。这样一来，我们就能很清楚地知道这幅图的作者原本思考过几种方案，最终确定的是什么，等等。

我们还可以很清晰地通过虚线联系看到互相之间的关联性，从而看到环环相扣的思考路径。

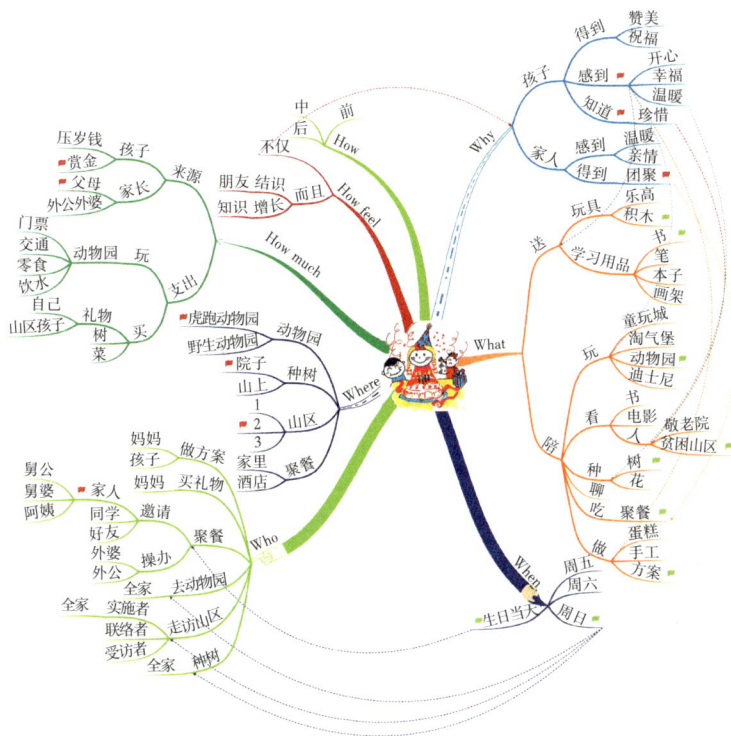

那么，这幅图是如何做的呢？

三、如何才能双剑合璧

第一步：Why

在制订方案时，这八个元素中，Why是初心，是我们要做这件事情的缘由、动机，因此，要首先深入思考为什么要做这件事情。

而用思维导图法+八何分析法的要点是先发散再收敛。

在发散思考阶段，我们不要否定任何一个想法，我们有想法就写下来。如同我们在上面讲述生日会的例子一样。当我们得到了许多想法之后，再来做收敛。

前面说过在发散思考阶段不否定任何想法，那么最终出来的结果，不一定每一个都非常重要，因此我们要根据实际情况做选择，将最符合当前情况、最符合内心想法的点选出来。

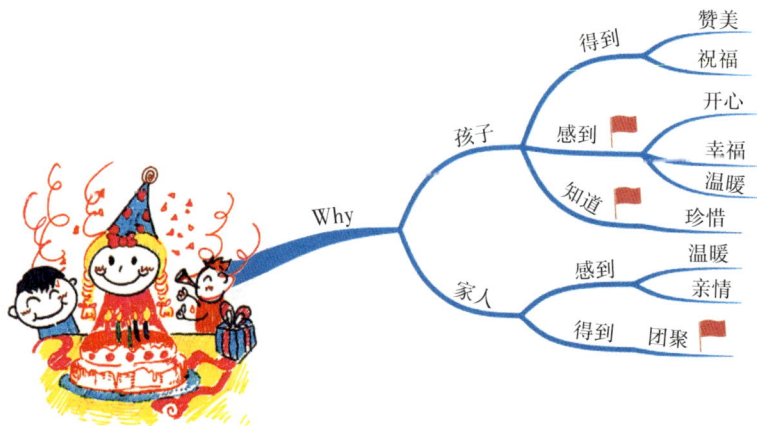

选择的时候，我们可以用最简单的小图标标注出来，比如图中的小红旗，或者以打钩的形式，甚至用荧光笔标注都是可以的。只要突出重点就可以了。

第二步：What

当我们把最重要的想法标注出来之后，第二步就是What。要做什么内容，是紧紧围绕Why中收敛的点而来的。

What的要点也是发散和收敛。

以生日会为例，发散思考阶段What，就是围绕让孩子感到开心、幸福，所以我想到了可以送乐高给他，由此想到乐高是玩具，玩具除了乐高还有什么，等等。

我还想到了可以带他去童玩城玩，还可以去淘气堡、动物园、迪士尼等，又想到可以陪他看电影、看书，还可以做蛋糕、做手工，甚至可以一起来策划这个方案。

从"温暖"这个词，我又想到了，或许我们一起种植一棵树或者一株花，一起看着它慢慢长大，内心会有一种满满的温暖。

从"珍惜"，我想到可以带他去敬老院看看老人们，让他知道每个人都会有生老病痛，要珍惜时间，也让他知道尊重老人，帮助老人。我又想到可以带他去看看贫困山区的孩子们，让他知道幸福生活是多么宝贵，并不是人人都如此，还有一些地方需要我们力所能及地去关爱。

从"团聚"，我想到我们可以聚餐。

我在图上的关键词之间绘制了连线，表示它们之间有着因果关系。一般来说，这里的连线应该是与启示想法的主干线条颜色一致，但这里如果都是蓝色，会分不清楚，用不同颜色标注就更清晰了。

当我们做好发散思维，并做好互相之间的联系时，就可以进行What的最后一步——收敛思考了。

我们依然用小图标或者荧光笔标注出最符合当前实际情况的点。在这里我们也可以邀请小朋友一起想想，他最喜欢的是什么。

最后，因为礼物太多过于浪费，选择了积木和童书。童玩城、淘气堡平时也经常去，但去迪士尼要花很多时间排队，于是就选择了动物园。在去敬老院探望老人以及去探望贫困山区的孩子之间，选择了和孩子更有共同语言的山区孩子。

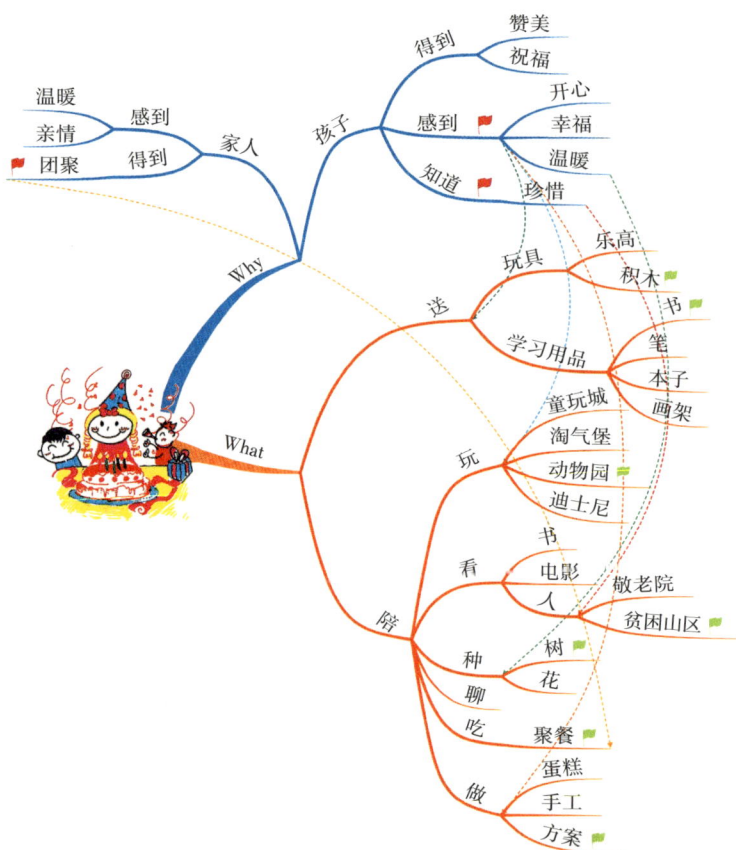

孩子说一起种树，就好像是爸爸妈妈培养孩子长大一样，是非常棒的体验，所以选择了种树。而生日聚餐也是非常必要的一个活动，因此需要保留。

邀请孩子一起思考这些事情，孩子会觉得这个方式好有趣，又选择了一起做方案。

你看，到这个时候，一个详细、有创意的方案是不是已经呼之欲出了呢？

第三步：Who / Where / When / How much / How feel

当我们做好了Why、What的发散思考和收敛思考之后，方案就已经完成了一大半。

接下来的这几个元素，除了How feel在最后还会回顾一次，其他的并没有非常严格的顺序，可以根据实际情况与思维跳跃，灵活调整。

比如When（时间），我想到了周五晚上，周六、周日和生日当天，最后选择了两个：聚餐安排在生日当天，周日可以去动物园和看望山区孩子。

Who（人物），我想到了每件事情涉及的人。聚餐这里首先想到了邀请家人，而又想到除了"家人"，还可以邀请孩子的同学、好友等。但因为有了太多活动，组织同学和朋友要花费的精力相对比较多，最后就选择了和家里人一起。我们可以在思维导图上看到思考的过程与最终的选择。

Where（地点）的思考过程也是一样，思考每一件事情在什么地点做，比如动物园会想到去虎跑动物园、富阳野生动物园等，但由于时间比较紧，最后选择了比较近的虎跑动物园。

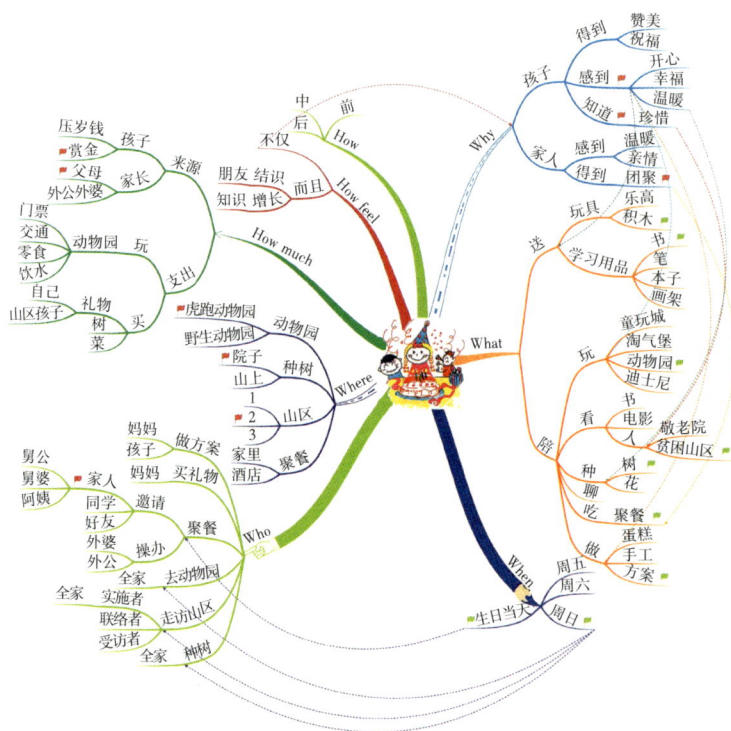

也就是说，由每一个点都尽量想到更多的可能性，然后根据实际情况分析和选择。这样做的好处是做出的方案会尽可能完善，并能更有创意。

第四步：How

做完这些元素的发散思考和收敛思考，我们需要对它们进行统整，这一步就是How，我们可以根据前——准备、中——执行、后——扫尾三个阶段进行整合。

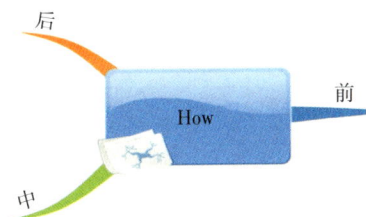

这里需要做的是，将前面的信息都整合起来，根据事项、内容、时间、人等，进行详细操作流程的安排。这些人、事、时在之前虽然已经体现出了大方向，但比较粗略，而在这里是精细的安排，需要详细分解到什么人做什么事情，在什么时间完成，等等。

但这样的安排，用思维导图呈现可能并不是特别清楚，我们在这一步是用思维导图梳理思路，最后用表格的形式呈现流程执行表。

在这里，我对How的准备阶段做了一个示范，由于这张思维导图内容较多，显示不下，我们可以用子导图来制作How。如果进行手绘，单独绘制一张How就可以了。如果内容简单，直接绘制在一张思维导图上就可以了。

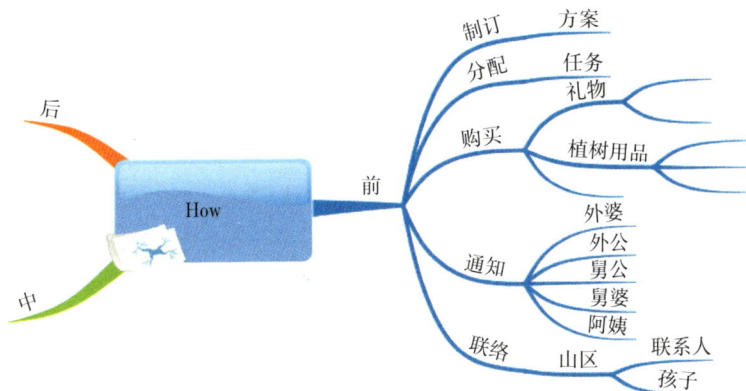

转为表格后，可以变成下面这样。

事项	内容	执行人	完成时间
制订方案	包含策划，以及最后执行表	妈妈 大儿子	2017年6月1日
分配任务	召开家庭会议，将执行表分配到每位成员手上		2017年6月2日
购买	礼物，包括给孩子的生日礼物、探访山区孩子的礼物	妈妈	2017年6月6日
	植树用品，包括树苗、水壶、锄头	爸爸	2017年6月10日
	菜品	外公 外婆	2017年6月6日
通知	告知参加聚餐的人员时间、地点	大儿子	2017年6月3日
联络	联系要去探望山区的负责人，询问方便的地点，确定合适的探访对象，并确定时间	妈妈	2017年6月3日

我们可以把这张表格单独打印出来，也可以绘制在思维导图上面。如果是绘制在思维导图上面，尽量简洁，否则密密麻麻写不下。

由此可见，思维导图是一个很好用的工具，但也并非万能的。我们可以让它的包容性变得更强，这样才能更好地让它发挥出优势，弥补它的不足。

第五步：How feel

当我们做好了所有的工作之后，用How feel预估的结果来检测一下，是否达到了自己理想的效果。如果没有，再分析一下原因，提出今后遇到类似事情可以调整的思路和对策。

四、思维导图+八何分析法的操作步骤流程图

我将思维导图+八何分析法结合在方案策划里的操作步骤绘制成了流程图，但这仅是在策划方案时比较适用的流程，在其他阶段并不能一概而论。

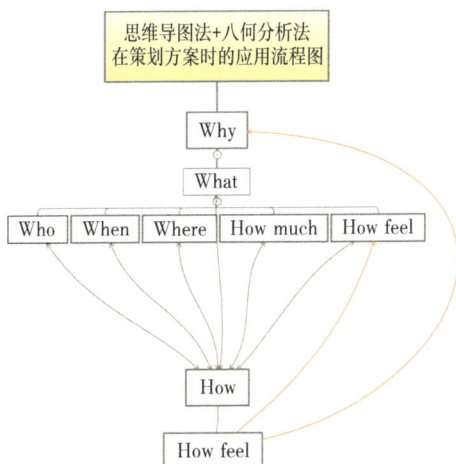

可能有人会有两点疑惑。

其一，为何How much会放在What之后？

因为有的时候预算是定死的，如果我们分析了前面这些元素，并且明确了这件事情一定要做，有了非常好的预期结果，那么我们就会尽最大可能争取新的预算，实在不行也会有其他方法来获取新的资金来源。

其二，为何How feel会在两个环节中出现？

第一次出现是为了预估这个方案的影响力和其结果如何；第二次出现是要总结实际成果如何，评估是否达到了预期效果，其间有什么出入，好在哪里，不足在哪里，以便今后可以借鉴。

操作难点

在用思维导图法＋八何分析法策划方案时，我们通常会遇到的难点是在How的部分，会觉得内容跟前面的What、Who、When、Where等元素的内容重复了，特别是What。如果没有搞清楚两者的区别，我们甚至会觉得思路变得很混乱。

How与What的不同点

我常常听到的问题是："老师，How的内容，不是已经在What里表述过了吗？"

这里，我们要厘清的是，What仅仅是指我们要有什么内容；而How是将内容、时间、地点、人员等资源和信息进行统整之后，每一个环节应该如何执行的流程。

我们举一个最简单的例子——"为孩子做早餐"，What是指做什么早餐，孩子喜欢吃什么，什么方便吃又有营养。比如，给他做一碗西红柿鸡蛋面条。

How是整合了所有元素，是指要做成一碗西红柿鸡蛋面条需要怎么做。

再如，什么时间去哪里买食材；什么时间起床做面条；面条具体怎么做，第一步放什么材料、第二步放什么、第三步放什么，等等。

只要我们厘清What和How之间的不同，这个难点也就很好地解决了。

我这里有一份董季节在参加思维导图"武林计划"网络课程时关于八何分析法的听课笔记，大家可以参考。

《活动策划——八何分析法》

五、实际应用案例赏析

"袁文魁老师公益讲座会务方案"分析

在我过去的工作中，我曾经用这个方法为自己带来了许多收益。记得我与袁文魁老师还不是很熟悉的时候，就用这个方法来策划，邀请袁文魁老师来我们家乡为跆拳道馆的孩子做记忆法公益分享。

当时因为方案预先准备，比较完善，不仅活动非常成功，还为我们节省了很多成本。

中心：袁文魁老师公益讲座会务

why
- 道馆：提升（美誉度、品质）、扩大影响、巩固龙头、提升能力
- 学员：感受（附加值）、锻造（文、武）

what
- 讲座：记忆法
- 表演：跆拳道

how much
- 老师
- 场地：图书馆、赞助
- 宣传：水、工牌、席签
- 会务

how feel
- 非学员：认可、钦羡
- 学员：知识、归属感

how
- 前
  - ① 调研
    - 对象：家长、学员、朋友
    - 方式：当面、微信、电话
  - ② 确定
    - 课程：老师（时间、时长、停留时间）
    - 场地：大小、座位、预算（承受、接待）
    - 志愿者：培训
  - 前、中、后
- 中
  - 签到、引导、交通、住宿、游玩
  - 老师
  - 购票、预订
  - 票：制作（规则：制定—学员免费一张、>1 100、其他 300；领、送）、分发（学员、领导）
  - 座位：分配（图书馆、道馆 50、250）、图表
  - 通知：教练、课堂、前台、接送
  - 应准
  - 展板：勘察、设计、安装、设计、展示、喷绘
  - 宣传
    - 线上：微信（公众号、朋友圈、群、信息港、道馆）、网站、报纸、电视、电台
    - 传统
- 后：宣传、留档

人
- 与会：其次、重要
- 老师：袁文魁
- 组织
  - 负责：王玉印
  - 内部：馆长（方立）、教练（王、蔡、金）
  - 成员
  - 志愿者：志1、志2、志3、志4、志5、志6、志7、志8

地点
- 道馆、酒店、图书馆（报告厅）

时间
- 11月21日：上午、下午、晚上

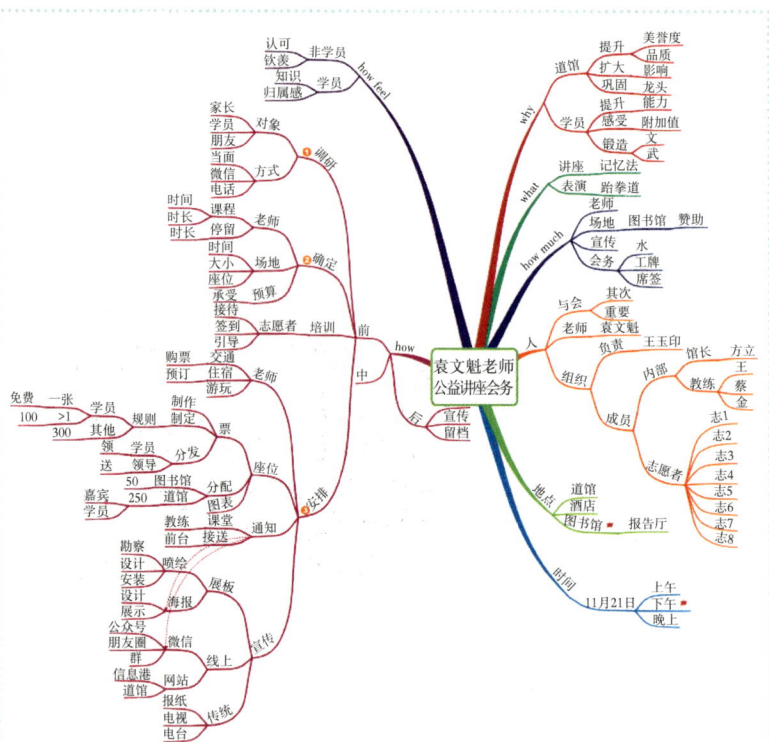

比如商谈会议场地时，我考察了许多酒店场地，由于价格过高，场地不太合适。最后抱着试试看的态度，准备好材料后找到了图书馆馆长，馆长听说我们是公益性质的，并看了袁文魁老师的详细介绍和我们的方案，不仅同意我们在图书馆报告厅举办活动，还免去了费用，给予了大力支持。

会议结束后，图书馆馆长评价："你们的方案中对于安全性这一块做得太棒了，方案做得完善、仔细，而且我观察到你们在整个会议过程中的执行也是环环相扣，非常到位。"

范丽君——制订课程设计方案

范丽君在学习思维导图法之后，由于她自己的大量使用，影响了许多人。有许多学校邀请她去做公益分享，她将这个方法应用在课程设计上，非常清晰，我们一起看看她的思路和感受。

我们当地一所技术学校（宣化工程机械厂技术学校，简称：宣工技校）的负责人想请我为学生上一节思维导图课，时间是45分钟。该校的学生大多数来自周边农村，15~17岁，上技校的目的是以后能当一名技术工人。

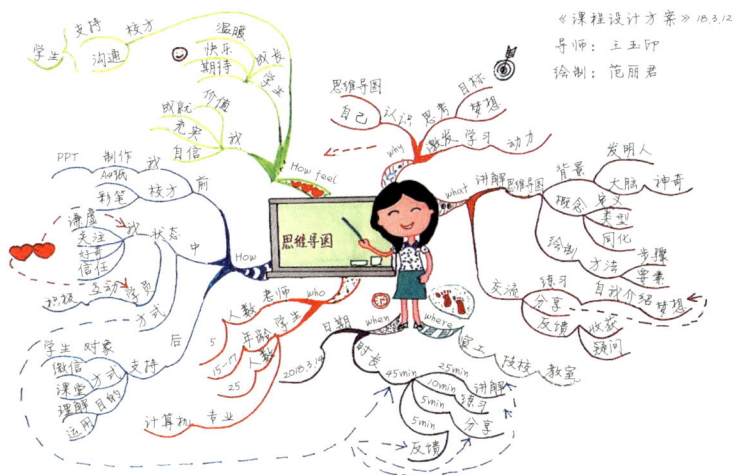

一开始我一直想不好该如何来安排课程。后来我想到了用玉印老师讲的5W3H，设计课程的过程中，我印象深刻的有两个方面：一是在思考Why的时候，发散思维打开了我的思路，让我有了与以往不同的想法。二是在How这里，关联性提醒我紧盯Why，所以我就想到了自己上课的状态对于能否打开学生的心扉是很重要的，提醒自己做到：谦虚、信任、好奇、关注。

结果证明，这个方法是非常得力的工具，它打开了我的思路，引领我找到了符合学生特点的讲课方式和状态，思考时逻辑清晰。因为准备全面，本来45分钟的课程，在与学生的互动中，上了整整一个半小时，后来，学校再次发出了分享的邀请。

实际的应用，更能体现思维导图的宝贵和价值所在，有思维导图这个思考神器，让我敢于突破自己、挑战自己，加油！

侯璨敏——高中学生《经典咏流传》唱诗比赛方案

本学期我们高二语文组准备组织学生开展一次活动，取名《经典咏流传》（也是央视一档很火的节目）！上学期让学生听了一首《蜀道难》，他们瞬间被洗脑，很快就记住了这首诗！这学期一学古文，他们就问："老师，这个有歌吗？"看到学生喜欢这种形式，我们语文组决定让学生来比一比，唱唱必修课一到五里的古文、古诗！

以前每次组织学生活动就需要写策划，洋洋洒洒写上几大篇。说实话，我自己不爱写，领导也不咋看，汇报还是靠自己说，而且汇报的时候总感觉思路会比较混乱，还不时地漏掉些什么！

学习思维导图这个新技能以后：用"八何分析法+思维导图法"策划活动，感觉非常实用！我不仅仅是在策划活动时使用，做课题的时候也用它来规划。

个人感觉它的好处有三：

一、它有助于保证活动目标的准确性。但凡组织活动，一定是有它的目的或者说需要达到什么目标，我们通过思维发散将其列出，准确定位，然后再根据实际需要略微调整。

二、它有助于确保活动内容的针对性。对活动目标需要进行发散思考和收敛思考，活动内容也是如此。什么目标设计对应什么活动内容，仿佛拿到了一把神奇的钥匙，我们所需要的宝盒会一个个被打开，这样开展的活动更有针对性。

三、它有助于实现活动流程的完整性。以前的活动策划比较容易忽视这个部分，更多强调的是活动的内容，前期准备和后期收尾往往被忽略。使用八何分析法中的How可以轻松解决这一问题，活动的每个环节都是平等的存在，都需要被关注，体现出它们是个整体。

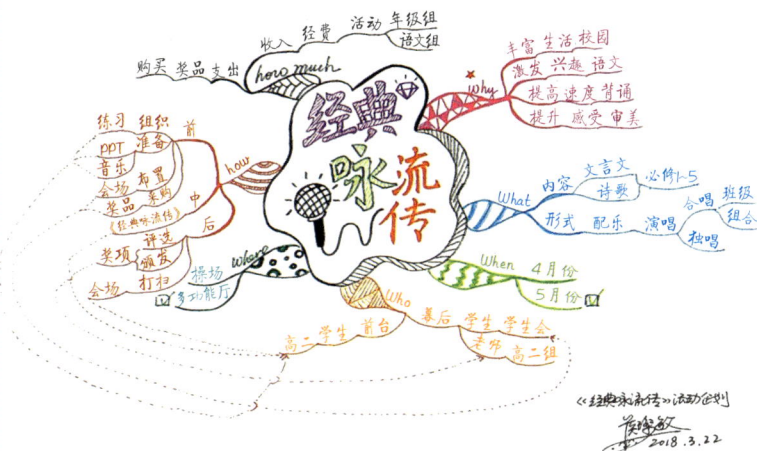

202

主题 《关于教材循环使用深“说起”》
A mini map
2013. 3.26

Why ???

经费
书籍
意识
备齐
节约
绿色
节源
传承
养育
得导
号召
搭桥

形式

教材 循环
教材 回收
科目 非考试类
考作用书

年级 低
班级 3年

What

When
征订 4月
佳用 9月
表作 回收
表材 循环
表作
学生

Who

How much
经费
节约
回馈
保护家园
教材循环
经费

Where
阅览室
分发处

How
调用
节约
伙伴
征询
宣传
案例
咨询
中
后
书籍
洋表
精熟
保管
减免费用
意见
理念
方案
同行
书籍
洋表
教材
表作

若渔——学校教材循环使用方案

我是一名中学老师，也是一名管理者。对当前初高中出现的免费教材浪费现象我很关注，一直在思考如何合理推进有效措施，改善这个局面。

今天顺手画了这张图，使用了八何分析法，感觉这件事渐渐有了眉目，倘若能逐一落实，一方面可以减少教育经费的支出，另一方面可以减少纸张的浪费，同时还能培养学生良好的节约习惯，是一次很有意义的教育实践体验。

作业

看了这么多人将思维导图法+八何分析法应用在实处，并有了收获，你是否也心动了呢？试着在你的工作、生活中应用这个方法吧！

如果暂时想不到，也可以尝试做一下家人生日会的策划、同学会的策划，或者节日聚会的策划哦！

做好后，可以将你的思维导图发送到微信公众号"玉印思维导图"，并记得告诉我你的感受哦！你的作品将有机会得到点评，并有机会成为下一本书的案例哦！

第八章

思维导图法+SWOT分析法

在成长过程中，每个人都有困惑迷茫的时候。在企业发展过程中，也必定会遇到"瓶颈"、会有挫折。如果有一个工具可以帮助我们深刻剖析自己、分析企业，就会如拨云见日，为我们指明方向。

SWOT分析法，就是一个这样的工具。

记得我还在医院工作的时候，领导就很喜欢用这个方式，他刚接手医院全面管理时，就用SWOT分析法为医院做了客观的剖析，随后制订了医院发展的方向和策略，为医院带来了长达十几年的持续快速发展。

现在就来讲述SWOT分析法结合思维导图法的应用。

我相信综合应用思维导图法+SWOT分析法的原因，大家已经非常明白了。当然是与结合八何分析法一样，以结构化的思维模式让思考更深入、更完善，同时也更容易让我们看到每个想法之间的联系。

因此，我就从什么是SWOT分析法，以及实际应用中如何将思维导图法和SWOT分析法相结合两个方面来讲解。

一、什么是SWOT分析法

SWOT分析法（也称TOWS分析法、道斯矩阵）即态势分析法，20世纪80年代初由美国旧金山大学的管理学教授韦里克提出，包含了四个元素：优势（Strengths）、劣势（Weaknesses）、机会（Opportunities）和威胁（Threats）。在这四个元素中，又分为两个方向，优势、劣势属于内部环境，机会和威胁属于外部环境。因此，SWOT分析法实际上是综合分析对象的内外环境，进而分析其优劣势、面临的机会和威胁的一种方法。

这种方法被广泛应用在企业分析、战略规划上，但我认为不仅仅是企业，针对个人的分析也是一样很好用，可以为个人指明发展方向。

当我们分析了优势、劣势、机会和威胁四个方面的内容后，可以通过相互之间的结合，进行下一步发展方向的规划——杠杆效应、抑制性、脆弱性和问题性。（此处部分资料来自智库百科）

①杠杆效应（优势+机会）：杠杆效应产生于内部优势与外部机会相互一致和适应的时候。在这种情形下，个人和企业可以用自身内部优势吸引外部机会，使机会与优势充分结合起来。然而，机会往往是稍纵即逝的，因此必须敏锐地捕捉机会，把握时机，以寻求更大的发展。

②抑制性（劣势+机会）：抑制性意味着妨碍、阻止、影响与控制。当环境提供的机会与内部优势不相适合或者不能相互重叠时，自身的优势再大也将得不到发挥。在这种情形下，个人就需要学习和提升与优势相匹配的技能，企业就需要提供和追加某种资源，以促进内

部资源由劣势向优势方向转化，从而迎合或适应外部机会。

③**脆弱性（优势+威胁）**：脆弱性意味着优势的程度或强度的降低、减少。当环境状况对自身优势构成威胁时，优势得不到充分发挥，便会出现优势不优的局面。在这种情形下，个人、企业必须克服威胁，以发挥优势。或者借力打力化威胁为机遇。

④**问题性（劣势+威胁）**：当内部劣势与外部威胁相遇时，个人和企业都面临严峻挑战，如果处理不当，会直接威胁到个人或企业的发展。

个人认为，人是灵活的，企业也是由人来管理的，因此，我们应该经常分析局势与自身状况，及时调整和提升自身优势，也可以选择不同的环境来匹配自身优势，决不能坐以待毙。

这里有一份董季节在我讲解这节课时做的听课笔记，她选取了八何分析法中的六个元素，从为什么要用这个工具，这个工具是什么，谁需要用，在哪里用，怎么用和用了后有什么效果来归纳，对SWOT

分析法整理得比较全面，可以帮助大家理解和记忆。

二、思维导图法+SWOT分析法如何操作

第一步：发散思维

先在纸上绘制出关于SWOT分析法的中心图，如果是企业的，可以绘制与企业的理念、定位或者业务相关的，如果是个人的就绘制与个人相关的中心图。

分别画上优势、劣势、机会和威胁四个主干，再从四个方向不断地进行水平思考和垂直思考。

企业的分析，要着眼于自身跟竞争对手优劣势之间的比较，以及外部环境对自身的影响。

由于个人的自我分析涉及的方向很多，有事业上的，有家庭的，有个人成长方面的，有情感方面的，因此要先明确自身分析的目的，是能够更好地个人成长，还是更好地经营家庭关系，或是能决胜职场。

难点——混淆内部因素和外部因素

这里要注意的是，有的时候哪些是内部因素、哪些是外部因素会比较容易混淆。内部环境是属于自己可以掌控的，外部环境是无法自己掌控的，我们可以用这样的原则来区分。

比如，针对个人在职场的分析，个人的能力、成就、脾气等属于自己内部的优劣势；公司政策、同事相处、社会环境等就属于外部的

机会和威胁了。

再如房贷和外债，你认为哪个是外部威胁，哪个是内部劣势呢？

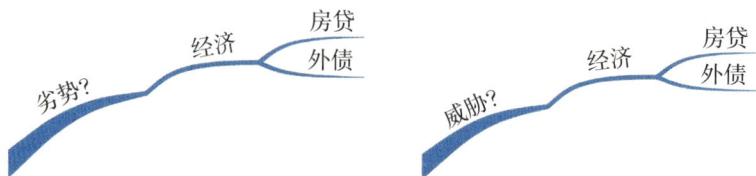

有人说二者都是劣势，因为这是自身经济实力不够造成的，如果实力够，这些不会成为自己的压力。

有人说是威胁，因为银行或者债权人会向我们要。

实际上，这二者应该属于劣势。如果要转化为威胁，房价普遍高就是属于外部客观环境的因素。至于它为什么会成为我们的压力，是因为我们经济能力不够，所以应该是我们的劣势。

而对企业的分析，则是企业内部的所有资源，包括企业政策、员工、产品等属于自身优劣势，而国际形势、国家政策、社会环境、对手情况等属于外部的机会和威胁。

第二步：收敛思维

《大学》里说，物有本末，事有终始，知所先后，则近道矣。当我们通过发散思考，尽可能全面地考虑了自身或者对手的优势、劣势、机会和威胁之后，至少要明白哪些是重要的、紧急的，哪些是次要的，或是可以缓一缓的。此时，我们可以将重要的环节勾选出来，或者用插图、荧光笔标注出来。

一般来说，小的公司或者个人分析做到这样就可以了。

如果你认为非常有必要，可以做得更为仔细一些，比如用计分法来标注和分析这些点的先后顺序。

我们可以分成四个方向进行打分，比如四个方向的总分为100分，根据自己对实际情况的主观感觉，首先分配优势多少分、劣势多少分、机会多少分、威胁多少分，然后再对内在的细则打分。

如果一并分析了竞争对手，也可以为竞争对手进行打分。

通过这样的方式来分析当前亟须调整或者完成的事宜。

用表格的形式表达如下：

SWOT分析元素	细则	分数
优势	1.	分
	2.	分
	3.	分
	4.	分
劣势	1.	分
	2.	分
	3.	分
	4.	分
机会	1.	分
	2.	分
	3.	分
	4.	分
威胁	1.	分
	2.	分
	3.	分
	4.	分
合计		100分

用思维导图来表达也非常简单，我们来看看我自己做过的一个实例。

我在医院工作时，曾任文化宣传部门的负责人，在我刚接任部门时，花了两个月时间熟悉和了解了部门的各项事务，下属的秉性、特长。然后找一天大家一起进行了部门的优势、劣势、机会和威胁的讨论。

我们一边讨论，一边在大白板上绘制思维导图。刚开始讨论的时候，大家都有些拘束，一是觉得不太好意思直白说出优缺点，二是从来没用过这样的方式开会。但由于思维导图在发散阶段不否认任何想法，因此大家越来越放松、越说点子越多，到最后就畅所欲言了。

（因此在做团队SWOT分析的时候，可以考虑邀请团队成员共同讨论，共同分析。这样不仅思考更加全面，还可以让通过分析得出的调整方案更容易被团队成员接受。因为大家总是比较喜欢由自己想出来的东西，而不是被外人强加的。）

在收敛思维阶段，我们首先权衡了四个主干的分数。从目前的状况来看，优势和机会显得更为迫切和重要，因此在100分中各占35

分；而劣势是要弥补和调整的，占20分；由于医院本身是当地权威，威胁相对较小，占了10分。然后权衡细则的分数。

像这样，将发散思考出来的想法进行重要程度、紧要程度分析的步骤，就是SWOT分析中收敛思考的阶段。

第三步：制订策略

得出上述分析之后，我们已经能做到对自己（或对手）有了非常全面和客观的了解了。但这只是看到，更重要的是要做到，这才是做SWOT分析的真正意义所在，因此，最后一定要制订策略。

比如，从前面的思维导图案例中，最后我们通过讨论得出，优势中的技能、机会中的宣传新渠道——微信平台，这两者非常重要，可以结合发挥杠杆效应。因为当时是2014年，微信公众号刚刚兴起，正是可以在早期切入、大量获取初期资源的时候。

另外，我们希望以这种方式弥补公立医院宣传方式单一的不足，还可以将优势中的技能与机会里公立医院宣传公信力高结合起来，进行推广和宣传。

我们就是通过这种方式确定了今后发展的方向。

后来我们立刻开通了微信公众号，并为院部提供了"公众号+互联网医疗"的建议。当时只有广州一家医院做基于微信公众平台的网络挂号、报告查看、充值缴费等，所以我们的举措在全国算是领先的。在开通"微信+互联网医疗"后，公众号的粉丝直线上升，成为宣传支柱。

我们还着力运用部门人员会摄像、会做视频的强项，紧紧抓住群众关注的健康热点制作相关的宣教片。

比如，在某歌星乳腺癌去世之后第二天，我们就出了乳腺自我保健视频，得到了广泛的好评，微信公众号推出后的转发、点击量呈爆炸式上升。邀请我们乳腺外科专家讲课的单位、企业排起了长队。我们在带来社会效益的同时，还提升了医院、科室和专家的影响力、美誉度，为医院的经营提供了助力。

这次分析中得出的杠杆效应策略和抑制性策略，为我们部门之后几年的快速发展提供了可靠的方向。

第四步：循环使用

那是部门第一次使用SWOT分析法，我们都知道，不管是自身的优势、劣势还是环境的机会、威胁，都在不断变化，因此SWOT分析法需要常常做。在我们需要进行阶段性总结时，在我们遇到"瓶颈"困惑时，就可以再次分析。

后来，每年年终，我们都再次分析，并根据分析结果制订新年的计划。上页图是在2016年年初做的SWOT分析法的思维导图，当时并没有详细分析分值，只是用几个小图标标注了比较重要的点。

下图是我在运用SWOT分析法之后做的2016年工作计划。

再后来，有一年我们单位年终开管理委员会会议时，要求中层干部都用SWOT分析法＋思维导图法做年终汇报，并取得了很好的效果。

三、实际应用案例赏析

SWOT分析作为一个战略规划工具，被麦肯锡公司、中国电信、耐克、星巴克等知名的企业所青睐，其作用是毋庸置疑的。

那么，思维导图法+SWOT分析法在实际应用中是如何做的呢？

许彩凤——个人分析

许彩凤，是一位来自内蒙古大草原的女子，最初来学习思维导图是为了陪伴儿子，她期望孩子有更好的学习工具，又担心他不愿意千里迢迢赶赴外地学习一个思考工具，就陪着孩子走进了课堂。没想到她学得比儿子还要起劲，还要认真。

许彩凤这幅分析自己如何能获得更好的事业发展的思维导图，一边是用SWOT做的分析，一边是选择了八何分析法其中几个元素做了下一步计划，非常清晰明了。

她在发散思考后，认为自己的优势中学习了思维导图、写作能力比较重要，期待中获得事业的圆满和身心的愉悦比较重要，机会中的自创学馆和与他人合作的可行性都比较大。据此她制订了自己的计划。

我们来看看她对于制作这幅图的感受，以及现在的变化：

许彩凤——

这是我第一次分析自己，借助思维导图这个强大的工具让我更加认识了自己。当然，我的思维导图绘制技术还不够高，但这并不妨碍我拿出敢于剖析内心的勇气画下去……即便逻辑、关键点和布局方面做得不好，也先要求自己画得均匀、流畅，用心去做就是最好……

2017年，我最低落迷茫，算是最该审视看清自己的时候，应了陈果老师讲的：我是谁？从哪里来？到哪里去？

许剑眉 NO.19
《自我分析》
SWOT+DO的应用
2017. 11. 05 日

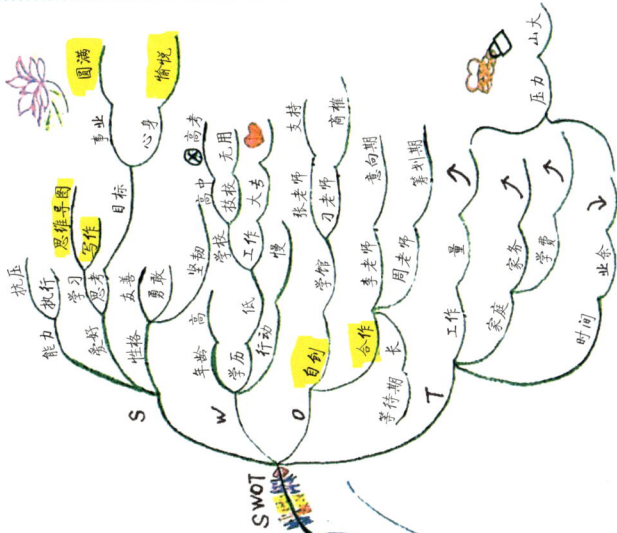

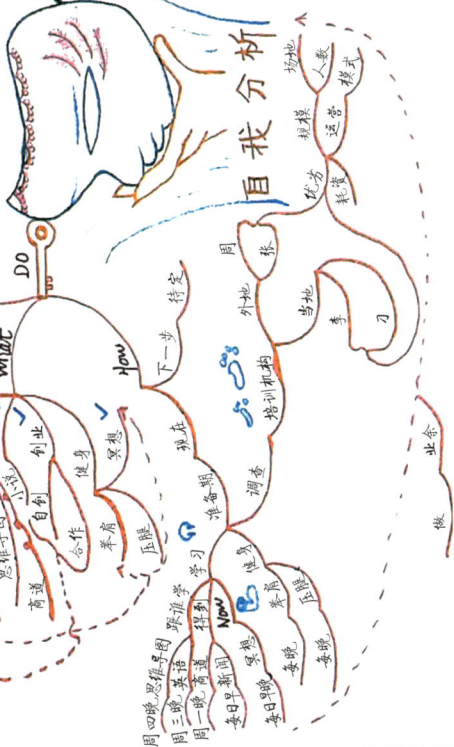

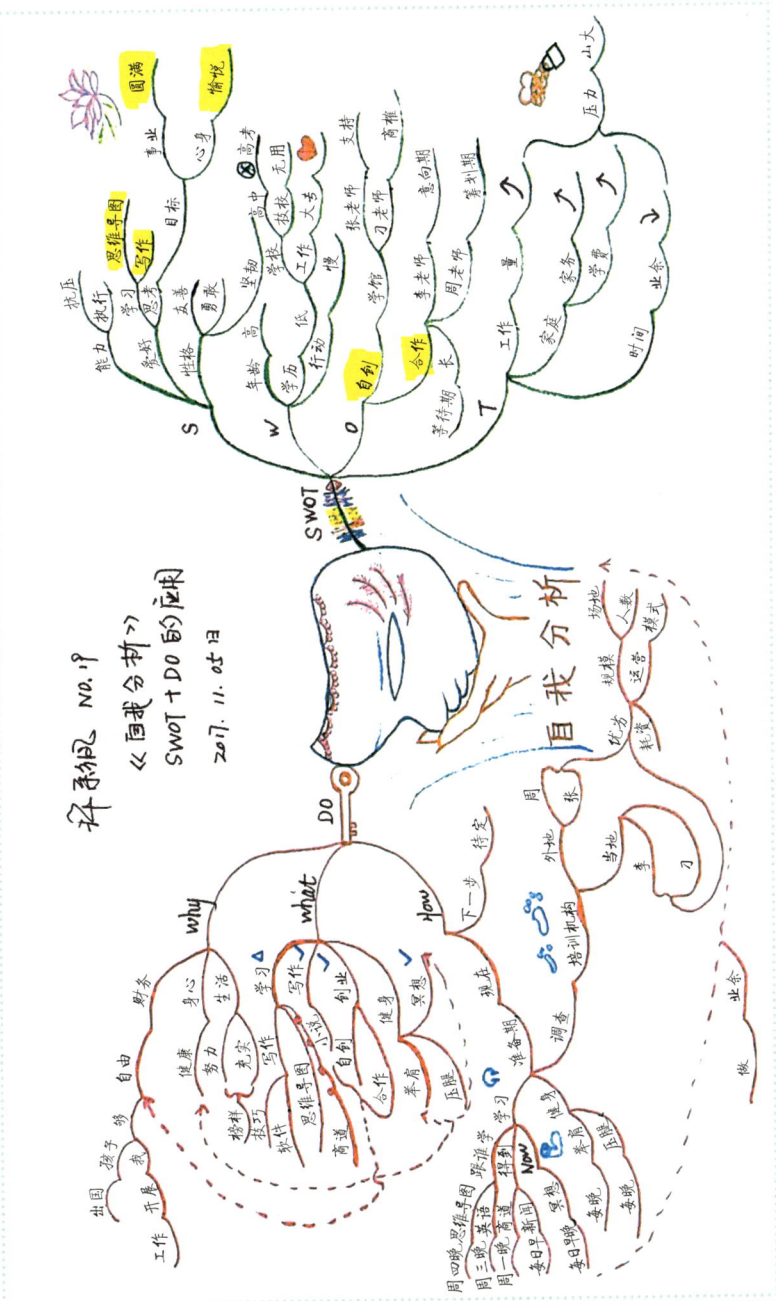

SWOT分析法像专门为我定制的一样，不仅让我看清了现状，还分析了面临的挑战和机会。因为自己不够优秀，我要放空自己，改变这一切。

从那以后，我学习和绘制思维导图的脚步就没有停下，我喜爱所有思维导图背后的思想达人——我的老师和同学。思维模式的改变是我最大的收获，思维导图激起的绝不仅仅是我看到的希望，更是教出好孩子的责任。

最值得一提的是，我现在正在帮一家教育培训机构绘制与课程配套的思维导图，而且正是自我分析思维导图中提及的一家，没有思维导图是万万不会有这弥足珍贵的机会的。

不忘初心，砥砺前行。

陈木子——SWOT分析（如何更好地学习）

木子是一位不折不扣的学霸，学习优秀，记忆法掌握得倍儿棒，因此被新加坡莱佛士学院特招，成为全额奖学金学员。

从来都是轻松学习、轻松考试的他，到了莱佛士学院后，感受到了压力：老师全英文教学，同学都是超级学霸。因此他在学习思维导图法之后，就进行了全面自我分析，期望能找到更好学习、赶超同学的方法。我们来看看他是怎么思考的。

陈木子——

我画的是SWOT分析法+DO，主要原因是作为一个学生，SWOT分析法的确能让我明晰目标，而且在做完之后，立刻就有了初步的行动想法。

SWOT
+DO
ANALYSIS
优势
性格
年龄
基础
心态
自我要求
特长
较小
扎实
自信
高
当堂吸收
应试技巧
举一反三
记忆法
劣势
自负
粗心
直率
迟疑
错失
机会
轻敌
犯马虎
得罪人
机遇
学校
学风
师资
出路
多元
优秀
优良
强大
繁多
威胁
对手
要求
内容
课业
语言
强大
繁复
繁重
相异
ENGLISH
中文
挑战
生物
地理
平时
考试
应用
当堂
认真
课下
求助
老师
课后
作业
巩固
坚毅
学籍
交流
素材
记忆
引用
时间
管理
陈木子
<<SWOT + DO>>

　　这张思维图中，所有支干上的词都是经过我的发散思维和初步的收敛得到的。我着重想说一下"DO"部分。目前，我在学习中最困难的两科就是地理和生物，因此我的挑战方向就是这两科。以生物为例，生物的"当堂认真听讲"和"课后作业巩固"是我发散出来的，收敛时觉得它们都不如课后（多）求助老师那么重要（考试应用也是发散出来的，感觉有点偏废话嫌疑了，但是由于确实挺重要也打钩了），所以去掉了，即生物学习中课下多求助老师是我目前最该努力的地方。

作业

　　请你用SWOT分析法做一份自我分析，明晰自己的优缺点和机会、威胁后，再找出其中与当前实际情况最贴合的关键点，为下一步计划指明方向吧！

　　做好后，可以将你的思维导图发送到微信公众号"玉印思维导图"，并记得告诉我你的感受哦！你的作品将有机会得到点评，并有机会成为下一本书的案例哦！

第九章

思维导图法+决策分析

是考研还是工作？是辞职还是留任？

人生中总是有很多十字路口需要做出选择，有人说，技能是其次，会选择才是王道。如果所在的环境不适合自己，能力再好恐怕也只能平平无奇。如果在一个好的时机选择了一个好的平台，就有可能做出非凡的成就。

虽然只有有准备的人才能抓住机遇，但毋庸置疑，做一个好的选择也同样重要。

如何做出最好的选择？我认为，由美国开国功臣本杰明·富兰克林提出的双值分析法既简单又好用。

我在人生历程中也无数次遇到两难的情况，印象中有两次比较重要的事件，都是用这个方法做抉择的。

一、双值分析法

据说富兰克林做决策时习惯取出一张纸，拿笔在上面画一条线，左边写上做这个决定的好处，右边写上做这个决定的坏处。后来，人们发现这种方法也可以应用在销售上，从而达到很好的效果，因此又被称为"富兰克林成交法"。

后来，博赞先生与诺斯先生最早将这种方法改进后融入思维导图法中，提出"优缺因素双值分析法"。优缺因素双值分析法指的是，我们需要决策是执行A还是执行B时，分别列出两者的优点和缺点。

但是，如果你没有很好地掌握思维导图法中发散思考的模式，就会很容易陷入"执行A的优点就是执行B的缺点"这样的困惑。

比如，我要为先生做一个跆拳道馆是否进驻商场的双值分析，如果没有做好发散思考这一步，那么很可能就如同下图一般，走进了迷途。

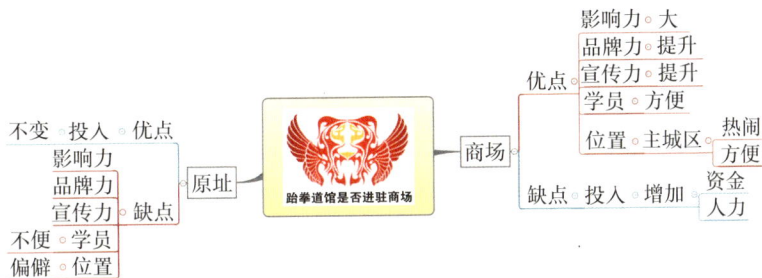

导致A的优点与B的缺点、A的缺点与B的优点相差无几。

思维导图法专家孙易新博士为了解决这样的困惑，融入了哈罗德·拉斯维尔的5W，提出了"5W双值分析"思考模式。他提出，在发散思考阶段，要以BOIs的思考模式找到问题背后的本质。也就是说，当我们有了一个想法的时候，要多问为什么。

比如，进驻商场优点中的影响力大，为什么会影响力大？因为商场给人的品质感高，品牌效应大，而且商场的人流量大，还有许多商户可以互相支撑。

你看，像这样一问一答，就出现了许多新的想法，在这些想法中或许有我们自身非常关注的重点。

因此，我觉得孙易新老师提出的5W双值分析思考模式，为思维导图法融入双值分析法打开了很好的思路，让思考更深入、更全面、更清晰。

二、思维导图法+双值分析法如何操作

第一步：发散思维

我们发现，思维导图法融入许多应用中最为基本的两个步骤就是发散思维和收敛思维。

应用在资讯的==输入==时，是==先收再放==。

应用在资讯的==输出==时，是==先放再收==。

思维导图法就是在一放一收之间，让我们的思考更完善、更明确、更清晰的。在这里，我不禁想起我们的一位学员卓朝丽所感叹的："思维导图法——收就像是一张网，提起中间（中心图），一切（各支干）尽皆掌握；放就像是烟火，由中心燃放，火花四射。总之，收是运筹帷幄，放是决胜千里！"说得太精辟了！

在双值分析法的发散阶段，我们尽可能地多问"为什么"，尽可能地做好BOIs分类分层思考，如此一来，我们的想法才能够尽可能完善。

如果只是表浅的思考，往往无法接触到事物的本质，无法发现内

心深处真正在意的那个点在哪里。

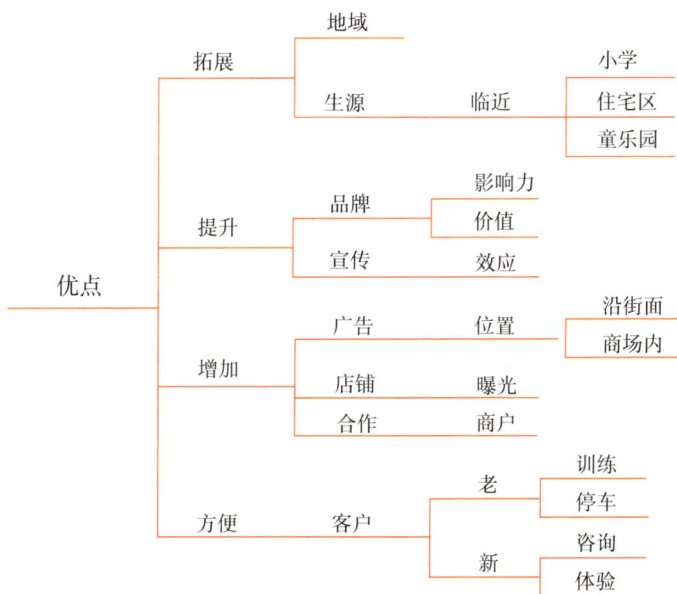

```
                                          地域
                            拓展
                                                          小学
                                    生源        临近      住宅区
                                                          童乐园

                                          影响力
                            提升      品牌      价值
                                    宣传      效应

        优点                                   位置      沿街面
                                    广告                商场内
                            增加      店铺      曝光
                                    合作      商户

                                                  训练
                                          老      停车
                            方便      客户        咨询
                                          新      体验
```

  依然以跆拳道馆是否进驻商场的例子来说明，当我们想到"因为商场给人的品质感高，品牌效应大，人流量大，还有许多商户之间可以互相支撑"等内容后，就可以在思维导图中进行整合和梳理。

  从"因为商场给人的品质感高，品牌效应大"想到了不仅能提升品牌影响力，还能提升品牌价值。

  从"商场人流量大"想到了增加曝光度，增加广告的位置，那里有一大片沿街的玻璃窗户可以做广告位，恰好面临江边的一个儿童乐园，孩子们在玩淘气堡时一抬头就能看到。而从临近儿童乐园这一点，又想到了临近小学、住宅区，如此一来，生源就更丰富了。

发展
生源
地位 品牌
影响力 限制 { 偏僻 ○ 地域
少 ○ 人流
不便 ○ 停车 缺点 原址
无 ○ 新意
不大 ○ 差距 形象

当我思考在原址不变的缺点时，想到了地域偏僻、人流量小、停车不便、形象没有新意，从这个点想到，如果进驻商场，品牌形象可以重新设计，还可以进一步深化品牌内涵。

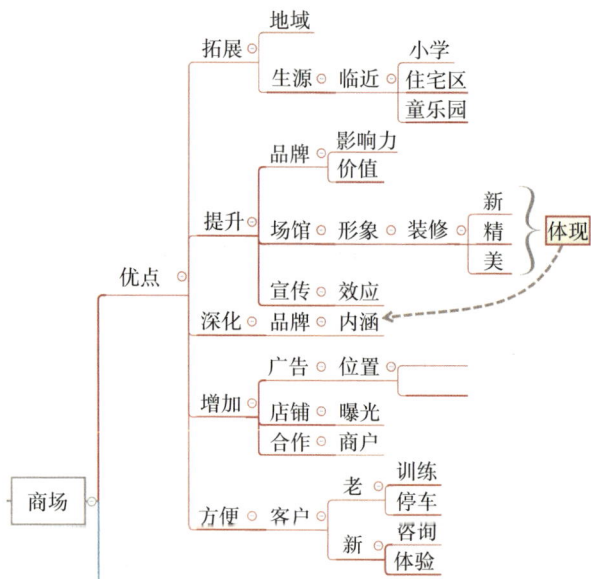

拓展○ 地域
生源○ 临近 小学
住宅区
童乐园
品牌○ 影响力
价值
提升 场馆○ 形象○ 装修 新
精 } 体现
美
优点○ 宣传○ 效应
深化 品牌○ 内涵
广告○ 位置
增加 店铺○ 曝光
合作○ 商户
商场 训练
老 停车
方便○ 客户 咨询
新 体验

于是，我又在进驻商场的优点中补充了这些内容。

你看，在用思维导图法发散思维进行思考时，我们可以在每个方向自由地跳来跳去，每个方向的每个点，都可以促使我们想到其他的点。尽管我们的想法是如此具有跳跃性，如此灵活，我们依然可以把它们归入应该在的逻辑分类下面，让最后呈现出来的思考既丰富，又具有逻辑性。

我通过双值分析法不断发散和整合思路，最终形成了比较完善的内容。

这里值得注意的是，我们需要去查找一下每个点之间是否有着互相的因果关联，将那些有关联的用线连接起来。如此一来，对于互相之间的联系就有了更直观的认识，我们的思考就更为立体化了。

到这里，发散思维的阶段已经完成了。

第二步：收敛思维

收敛思维时，我们需要分析每个点与当前实际状况和内心感觉之间的关系。

一是从当前情况来看，这个点是否重要、紧迫。

二是从内心感受来看，这个点是否与心一致。我是一个始终崇尚从心出发的人，一件事虽然看起来特别有诱惑力，但若是内心不舒服，我就不愿意去做。若是违心，必然有其原因，我们可以静下心来听听自己内心的感受，为什么会不舒服，或者为什么会如此想去做，问问自己真正在意的到底是什么。

重点标注法

收敛时思考过程与SWOT分析法相似，如果这件事情的重要程度和紧急程度相对比较容易判断，我们就用突出的方式标注出自己认为非常重要的、在意的点。

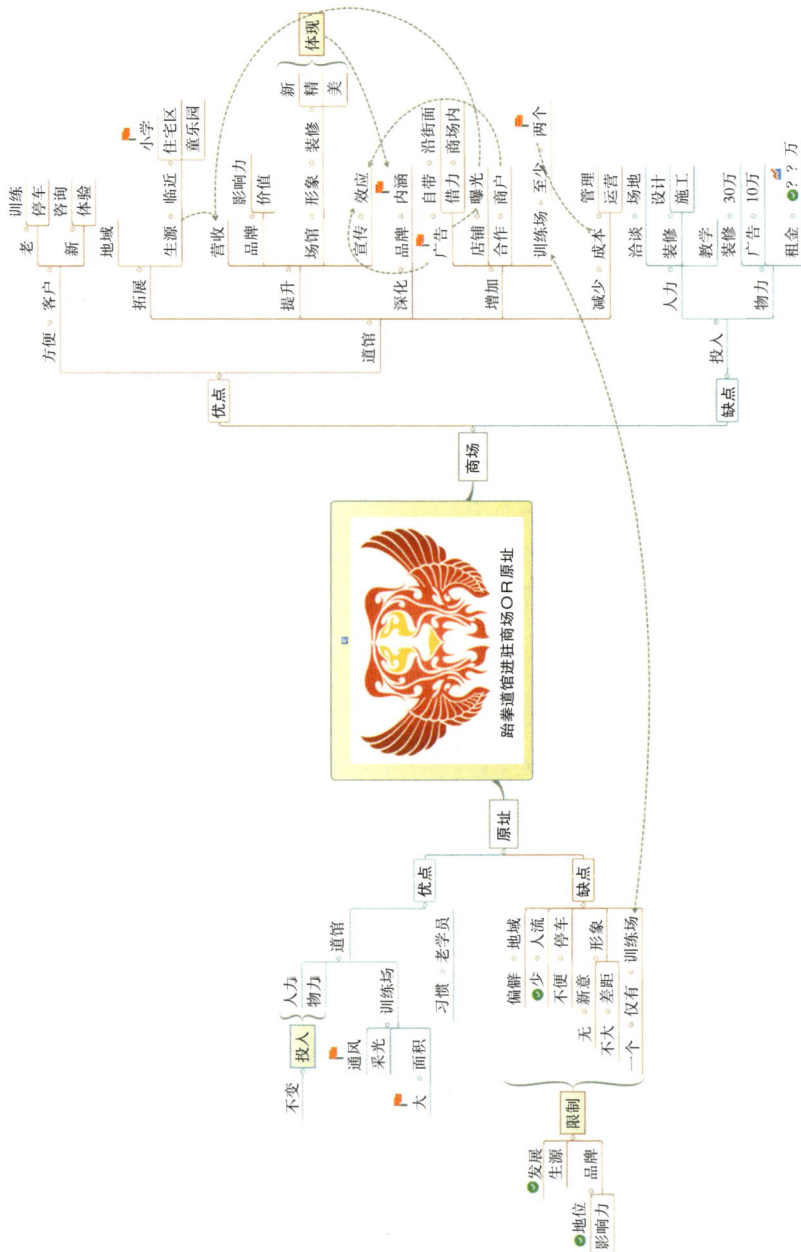

跆拳道馆进驻商场OR原址

商场

优点

道馆
- 拓展 — 地域（新／老）、客户、方便
  - 训练、咨询、体验、停车
- 生源 — 临近（小学、住宅区、童乐园）
- 提升
  - 营收 — 影响力、价值
  - 品牌 — 场馆、形象（装修：新、精、美）、体现
- 深化 — 宣传、品牌
  - 内涵、自带、借力、曝光、商户
  - 广告、店铺、合作（沿街面、商场内、商户）
- 增加 — 训练场（管理、运营、场地、至少两个）

缺点

成本、减少
投入
- 人力 — 咨询、装修、教学
- 物力 — 设计、施工、装修 30万、广告 10万、租金 ？？万

原址

优点

道馆
- 投入（不变）— 人力、物力
- 训练场 — 通风、采光、面积 大
- 习惯 — 老学员

缺点

地域
- 偏僻、人流 少、停车 不便、形象 新意、训练场 差距
- 无、不大、一个、仅有

限制
- 发展、生源、品牌、地位、影响力

比如，我认为<mark>进驻商场的优点</mark>中，临近小学、增加广告位置是非常重要的，这些可以给我们带来更多生源。而深化品牌内涵，对于一个老品牌的跆拳道馆来说也非常重要，是一次新的飞跃、新的契机，可以让员工、学生、家长，都对道馆有更强烈的归属感和荣耀感。训练场至少能增加两个，可以在不增加运营成本和管理成本的情况下，容纳下更多的生源。这些都是在原址运营无法提供和解决的。

在<mark>原址运营的优点</mark>中，训练场通风很好、面积很大。但在商场中可以通过新风系统、开窗等方式解决通风问题；面积，可以在商场通过设计规划、合理安排训练场地来解决。因此，这些就不是问题了。

在<mark>进驻商场的缺点</mark>中，最大的问题是租金，装修是一次性的，租金却是每年都要支付的。这会是一个比较大的压力，但若是在我们承受范围内，并且通过测算，新的资源完全可以弥补这些，甚至超过这些。而且哪怕是退一万步说，并没有做得非常好，出现退租的情况，也是能够承受的。那么这也就不是问题了。

在<mark>原址运营的缺点</mark>中，我认为人流量小是在短期内没办法解决的，又会限制道馆的发展和品牌影响力。这对我们来说很重要。

通过这样分析，我想各位读者也能够猜到，我们的决策是什么了吧？

<mark>全盘计分法</mark>

非常重大，又特别难以抉择的事情，可以对每一个分支末节的点进行计分，这里的计分与SWOT分析法不同。

SWOT分析法是由总分按重要程度给分支分配不同的分值。

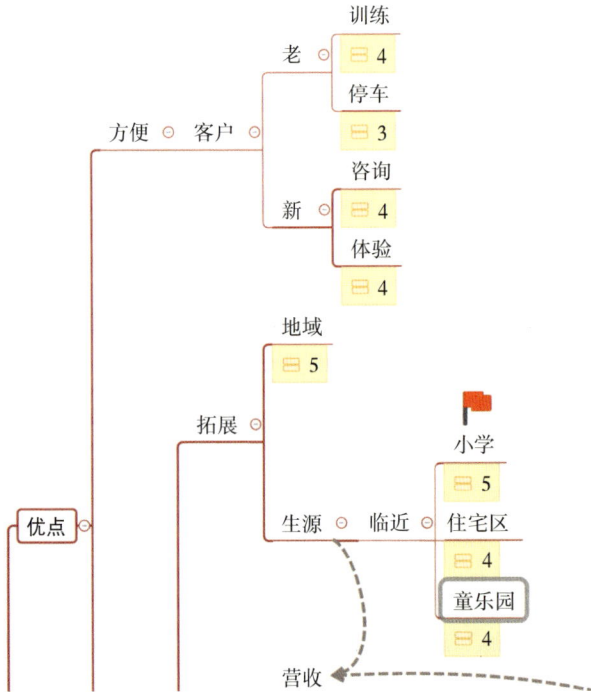

双值分析法是对每个末节的点按重要程度进行计分，可以是1~5分，也可以是1~10分，分数越高的点越重要。

然后对每一项进行合计，A的优点总分－缺点总分＝A的最终分数，B的优点总分 缺点总分－B的最终分数，最后从分值进行权衡。

虽然，这种计分方法会受个人因素影响，并非绝对科学精确，但它可以为决策提供相对清晰的思路和判断依据。

三、实际应用案例赏析

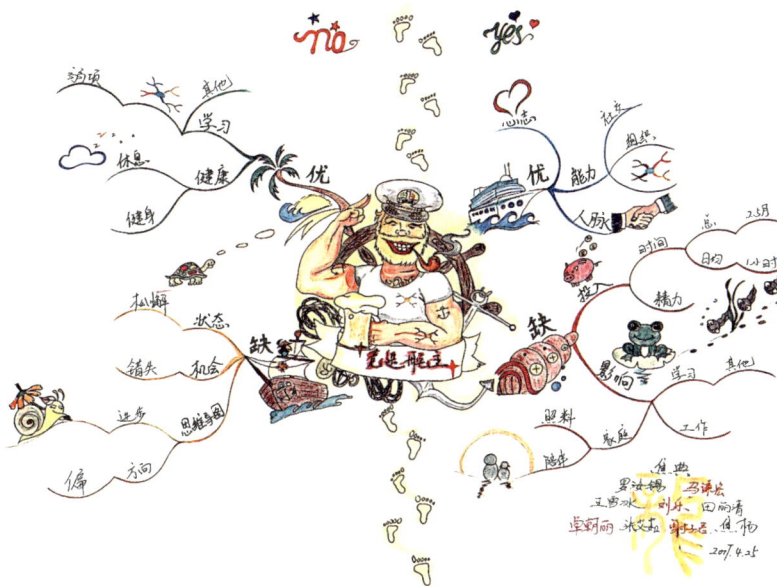

　　这张思维导图是"图龙宝刀分舵"在微信群集体讨论的结果，最后由当时为分舵成员的焦杨老师绘制的。绘制的是关于是否参加下一季"武林计划"舵主的竞选。我们来看看他们的绘制思路和感受。

　　第五季"武林计划"图（屠）龙宝刀分舵——是否参与竞选舵主

　　转眼之间，这季的"武林计划"便走到了尾声。大家有没有觉得意犹未尽呢？有没有觉得自己还需要进一步提高呢？许多同学想参加又觉得要投入的时间精力会很多，不好下决心。为了帮助大家做出合理的决策，"图龙宝刀分舵"绘制了这幅竞选舵主的双值分析思维导图，罗列了竞选与不竞选的优缺点，供大家参考使用。

中心图：中心图的主体是一位舵主，也就是船长。帽徽上有文魁大脑的标志，胸口和手臂上有思维导图的简笔画，身后是掌握方向的船舵。绳索代表思维导图中的线条。每个有图像的都是重点标记的地方。

分界线：参选和不参选用小脚丫来划分，表示不管最终做出什么选择，都要踏踏实实一步一个脚印地走下来。

第一分支：参选的优点。

要当舵主当然要开船啦，所以用大邮轮来表示，同时"邮"的谐音是"优"。当舵主可以磨砺我们的心志，可以提高我们的社交能力、组织能力和制作、运用思维导图的能力，还可以拓展我们的人脉。

第二分支：参选的缺点。

选择当舵主就要接受当舵主的要求，要求就是一种束缚，而主要的要求，就是要经常进行逻辑思考，所以用海螺小屋表示受困、受束缚，同时谐音"逻"。当舵主要投入大量的时间和精力，从而可能影响其他知识的学习以及工作、家庭。

第三分支：不参选的缺点。

不参选的缺点与参选的优点有相近之处，所以也用船来表示，以一艘破旧的海盗船表示缺点。船上有一只鹦鹉，表示我们如果不提高自己，以后点评别人的作品时只能是鹦鹉学舌。

不当舵主的话，我们的状态很容易松懈，像乌龟一样慢吞吞的。松懈的乌龟会想阳光沙滩（也是第四分支不参选的优点图像），"想"谐音"响"，表示一旦松懈下来，就会影响不参选的优点，学习、健身等就会打折扣。不当舵主就错失了这次机会，下次再遇上就不容易了。在思维导图的学习上，进步会比较缓慢，方向也容易偏。

第四分支：不参选的优点。

不参选的最大优点就是自由，所以用阳光沙滩表示，同时椰子树谐音"Yeah"，表示高兴。不当舵主，有时间学习其他知识或休息、健身，还可以在思维导图方面有针对性地学习以弥补自己的弱项。

由于这是集体分析的决策，因此，做完这张思维导图之后，他们没有集体来收敛，而是每个人根据自己的不同情况和感受进行了收敛。我印象中，最终有两位同学参加了竞选。

从这个例子中我们可以看到，一般来说在发散思维的阶段，许多点是比较客观的，是存在的。但在收敛思维的阶段，却是每个人都有自己的不同情况、不同感受。因此，收敛思维的阶段相对来说比较主观，需要符合个人需求和感受。

笔者——是否从事业单位辞职成为专职讲师

这几天我在翻旧资料的时候，看到了这张思维导图，我很多年前就习惯在所有文档前面加上日期，所以我一看就知道这是2015年12月3日完成的。

当时我还没有离开医院，应该是在袁文魁老师来我们家乡举办记忆法公益讲座后不久。与朋友闲谈时，朋友说起："既然你已经取得了国内少有的思维导图认证讲师资格证，也有资源，为什么不去做讲师呢？或许会有更好的发展。"

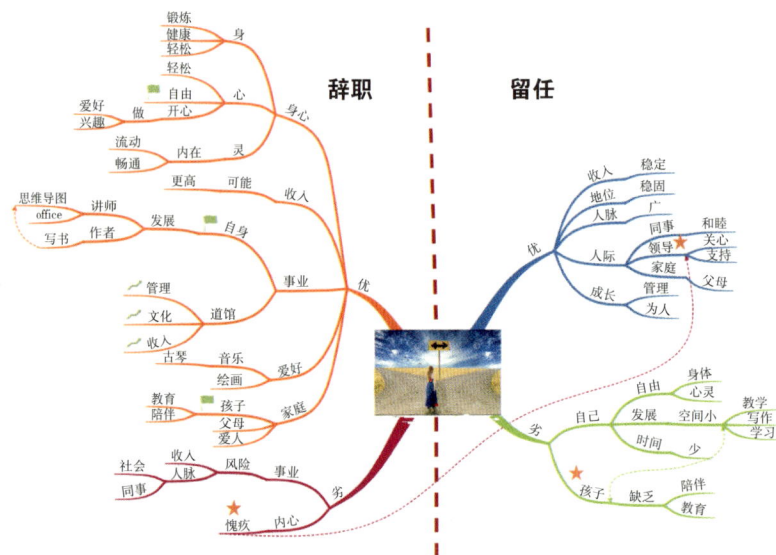

说实话，我当时还真没有认真想过要出来发展，毕竟在单位工作将近20年，对单位非常有感情，对领导和同事也非常有感情。

朋友这样说的时候，我第一反应是："这样做人对不起院长了，他培养我这么多年，好不容易可以用得很顺手了。"

但朋友的话，仿佛为我打开了一扇门。好奇之下，我为自己做了一个是辞职还是留任的分析。

分析之下，我竟然发现自己内心真实的想法在源源不断地流动出来。只是在辞职的劣势中，那份内心的愧疚太过强大，对于领导的感情也实在深刻，因此一直没有付诸行动。

后来，我内心的想法越来越强烈，试着与领导沟通，没想到他竟然非常真诚地说："从单位角度来说，我绝对不想你走。但从个人角度，我希望你能走得更远、更好。外面的平台确实很大，但也有风险。你不要为我担心，只需要考虑好自己。"

那时，我的愧疚感还是无法抑制。但不知道为什么，或许是天意，那段时间出现在身边的书有古典的《拆掉思维里的墙》，克莱尔·麦克福尔（Claire Mcfall）的《摆渡人》。还有一位仅仅在微信中存在、素未谋面的心理学专家，好端端地联系我说要来看我，她说只是觉得我们俩碰面会擦出一些思维的火花。和她相处一顿饭的工夫，她真的为我解开了心结，将愧疚感转化为了内心的能量，祝福自己也祝福曾经关照、帮助过我的所有人。

大约在完成思维导图之后半年，我正式从单位辞职了，虽说愧疚感已经被疏导得差不多了，但依然抱着领导哭了很久，这份不舍和情义会永远存在于内心，然后为彼此祝福吧！

作业

或许你刚好有特别重大的事情需要用到双值分析法来做决策，那么就即刻尝试一下吧！记得一定要充分发散思维，多问几个为什么，再收敛思维，找到真正在意的点哦！

或许你身边没有特别重大的事情需要用到双值分析法来做决策，那么，也可以尝试一下做做简单的事情哟。

我记得铁翠香老师的儿子铁阳，曾经用这个方法分析要不要看电视，以此来说服母亲允许他每天看半个小时电视，是不是很有意思呢?

  做好后,可以将你的思维导图发送到微信公众号"玉印思维导图",并记得告诉我你的感受哦!你的作品将有机会得到点评,并有机会成为下一本书的案例哦!

第十章

思维导图法+时间管理和空间整理

一. 思维导图法+时间管理

为什么要做时间管理

身处这个时代，"忙忙忙""快快快""赶赶赶"似乎成了一种常态。

记得我还在医院的时候，每个部门、每个人都在喊忙。身边的朋友，不管是在政府机关任职的，还是在企业任职的，都是这样的状态。

或许是因为我们真的处于快节奏的时代，又或许是这个时代机遇太多了，总有我们想做的事情。

有时候遥想古人，总觉得他们特别幸福，举止有度、斯文有礼，似乎一切都是那么从容。

真的是我们要做的事情比他们多吗？又或者是我们身边的诱惑太多了呢？

手机拿起，各种小游戏让时间转瞬即逝。在做事的同时牵挂着微博、微信有多少点赞。

不管怎样，时间对于每个人来说都是公平的。如果想要学得更多、做得更多，就必须有更高的效率。因此"时间管理"这个词风靡全球。

我相信时间管理中的分析工作任务、安排工作顺序、合理授权等元素已经为大众所熟知。

我最早接触时间管理，是阅读伊恩·梅特兰的《时间管理》。这册书特别小、特别薄，但对于初步接触时间管理的人来说，是非常适合的入门书。

时间是强制流逝的，不会为任何人停留，也不会受到任何人控制，如何管理它呢？

想来，在工作或学习的三个必要元素"人、事项和时间"中，也只有人和事项可以进行管理了。

因此，"时间管理"实际上就是更好地管理事项和更好地管理自己。

思维导图法+时间管理如何操作

管理事项

那么，思维导图法又是如何融入时间管理中，使之更为简单、更为清晰、更为高效的呢？实际上也是应用了思维导图的发散思维和收敛思维，我发现这两个思考的步骤简直就是"神器"，可以兼容其他许多优秀的工具，让思考变得更周全，也让我们更能分清轻重缓急。

第一步：整合事项

首先，我们要对当前已知事项进行整合。

　　许多职场精英有一个非常好的习惯，就是每天工作开始先会花5分钟整理一下自己当天的待办事项。也有一些部门有很好的习惯，每天花10分钟开一个早会，布置和讨论一下当天待办的重要事宜。

　　我以一个我在医院工作时的例子来说明日待办事项的规划。比如，以下是当天早会后需要我处理的事宜。

　　①联系广告公司确定发光字事宜；

　　②审核院报样稿；

　　③联系医院协会确定参会事宜；

　　④查看东院区标识安装情况；

　　⑤审核发布×××文件；

　　⑥到电视台洽谈合作；

　　…………

　　一般来说，这样一份待办事情清单，我会按事情的重要性和紧急程度进行排序，依次完成，并及时打钩。

　　还有一些高效的工具可以辅助，比如生活ToDoList、Doit.im、钉钉等这些工具可以在团队之间进行授权，查看进度。

　　如果融入思维导图法，我们还可以做得更好一些。我们可以在按事情的重要性和紧急程度排序之前，先按事项的属性进行一次整合。

　　刚刚那份清单中，我们可以归纳整理出如下的事务属性。

　　（联络类）①联系广告公司确定发光字事宜；

　　（文书类）②审核院报样稿；

（联络类）③联系医院协会确定参会事宜；

（实地查看类）④查看东院区标识安装情况；

（文书类）⑤审核发布×××文件；

（外出面谈类）⑥到电视台洽谈合作；

…………

除了④和⑥属于"外出"的事务外，其他都是可以在办公室里就完成的"内务"工作。

（联络类）①联系广告公司确定发光字事宜；
（联络类）③联系医院协会确定参会事宜；
（文书类）②审核院报样稿；
（文书类）⑤审核发布×××文件；

}内务

（实地查看类）④查看东院区标识安装情况；
（外出面谈类）⑥到电视台洽谈合作；

}外出

…………

如此一来，我们就可以得到如下的思维导图。

这就是一个对待办事项的整合过程，这个过程有两个好处：

其一，明确事务特点，合理安排时间。

我们可以很清楚地看到各项事务之间的联系以及内在属性。

然后根据事务的特点调整自己的工作时间，处理得更为高效。

比如，内务中分成了"文书"和"沟通"，是因为我们都知道处理文书工作时需要较长时间，并且不被打扰才能更好地思考，避免文字差错。而沟通的事比较琐碎，用时较短，打个电话、发个微信就能很好地完成。

外出的事项需要走两个地方，如果能好好安排，我们就只需要出行一次，不必来回跑浪费时间。由于电视台是外单位，一定要事先跟相关人员沟通确定时间；东院区是自家单位，随时都可以去。

其二，做好分类分层，为发散思考做准备。

我们都知道，当我们的思考变得结构化时，每个层级的每个关键词，都可以成为思考的"活口"，为我们打开思路，让思考更为完善。

当我们对各项事务进行整理后，就为完善思考做好了准备。我们来看看下一个步骤。

第二步：发散思维

我们将日常事物按属性进行逻辑整合梳理之后，就可以更好地打开思考的"活口"。如果说，整合是对于事项的归纳，那么这里要做的，就是对于事项的发散思考。

有了之前整合思维之后的思考框架，我们就更容易去发散思维，想到除了这些还有什么？

我们可以依据刚才的框架思考，如果要完成这些事项，要完善哪些细节?

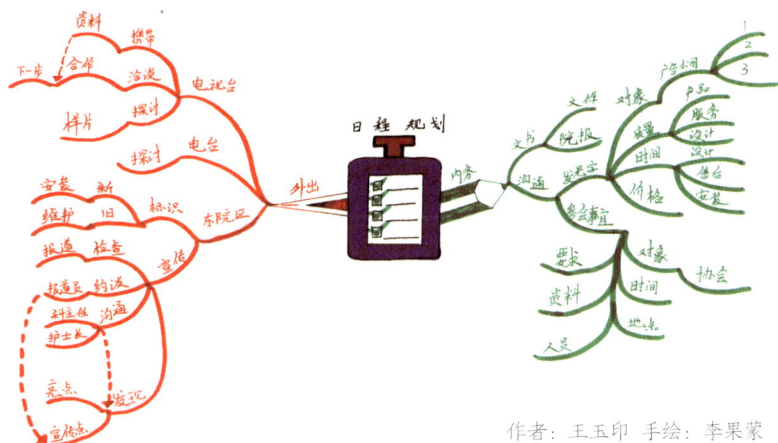

作者：王玉印 手绘：李果蒙

比如，这张日程规划思维导图比刚才的就深入细致多了。

当我看到沟通发光字的对象是广告公司，就想到还需要沟通质量、时间、价格等；看到跟协会沟通参会事宜，就想到需要沟通时间、地点、人员、资料和要求等。当我看到要到电视台洽谈，就想到要携带相关资料，另外可以顺便探讨一下样片。还想到既然已经到了广电中心，要不要顺便到楼下的电台去看看是否有可以合作的点。

看到去东院区查看标识安装情况，就想到顺便看看旧的标识是否有脱落、受损。还想到是不是可以顺便检查一下各科室的宣传报道情况，可不可以约谈一下报道员，走访一下科主任、护士长，看看科室里有没有新的宣传亮点，等等。

第三步：收敛思维

做到发散思维，我们已经可以比较完善地处理事情，但还是需要跟上最后一步——<mark>收敛思维</mark>。

在其他时间管理课程中也非常强调按事情重要程度和紧急程度确定先后顺序。

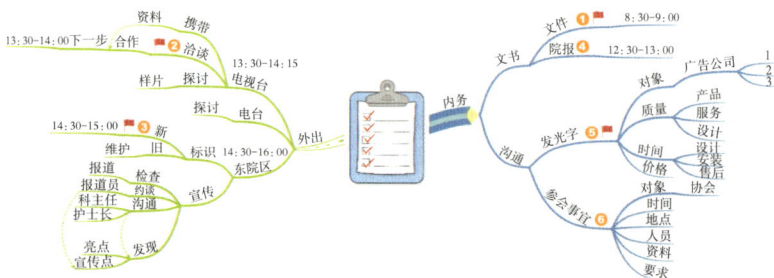

在这张导图中，我先用小红旗标注出了比较重要的事情。

融入各事项的紧急程度，依次排序，再按这个顺序优先分配时间。

第一件，文件重要且紧急，就放在上午，第一时间进行处理。

第二件，电视台的事情，也比较重要，因为是外单位，所以联系后确定出双方都比较合适的时间。

第三件，东院区查看标识，比较重要但不是很紧急，可以与电视台事宜先后办理，只需要跑一次就可以了。剩下如果有时间，就办理宣传相关的事宜。

第四件，院报，虽然不是特别重要，但也有些紧急，中午抽出一些时间办理。

第五件，发光字的事宜，当天一定要问清楚，但可以安排在碎片化时间随时调查，只要下班前完成即可。

第六件，协会参会事宜，不是特别重要，也不是特别紧急，可以授权给其他人办理。

一天工作下来后，针对清单上所有的事项，一一检核是否完成，完成的打上钩即可。

这样的日程安排，用软件或者用简单的手绘勾勒几笔也可以，每天清晨规划，下班时检核。花不了多少时间，却可以获得非常好的效果，当每个事项被一一打钩时，那种满满的成就感会让自己充满自豪。

不仅是一天的日程规划可以这样做，一个月的也可以这样做。下图是我2017年7月底—8月底的日程规划，也是按照上述步骤一一实行的。

但是，月规划最好录入电子日程中。因为我们不太可能将一张思维导图带在身边一个月之久。而录入电子日程中，我们就可以在手机上时时查看，用不同的颜色标注不同属性的事务，还可以设置闹铃提醒，非常方便清晰。

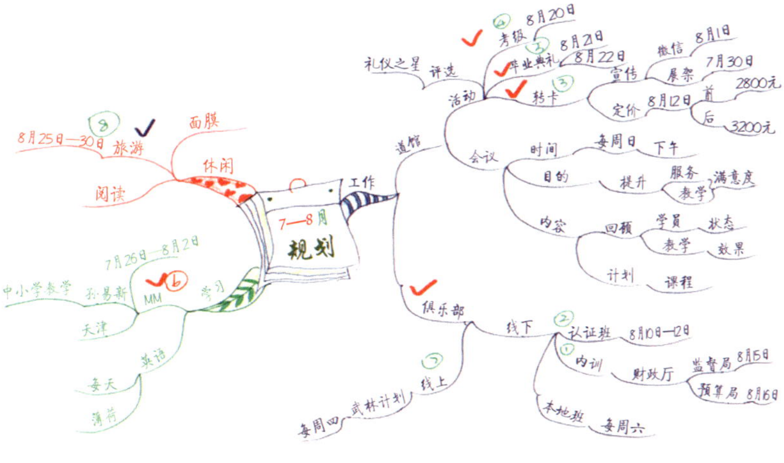

我用过很多的电子日历，包括腾讯邮箱的电子日历、Gmail的，最终还是选择了日程规划只用Outlook，文件管理只用印象笔记。

我自己的感受是不管用什么工具，清单管理工具也好，文件管理工具也好，日历也好，一定只能选择一种。

我们只选择一种工具的时候，所有的记录都在上面，查找非常方便，而且只需要录入一次，不会给自己添加负担。不管是PC端录入还是手机端录入，都可以同步。

管理自己

虽然已经把各项待办事项的轻重缓急分得清清楚楚，但要想在快节奏的生活状态中，保持从容淡定，还必须做到静心。

我想很多朋友都知道这个故事：

> 有人问得道高僧，得道之前在干什么？
>
> 答曰：砍柴，吃饭，睡觉。
>
> 问：得道之后呢？
>
> 答曰：砍柴，吃饭，睡觉。
>
> 问：之前和之后有什么区别呢？
>
> 答曰：得道前，砍柴时想着吃饭，吃饭时想着睡觉，睡觉时想着砍柴；得道后，砍柴就砍柴，吃饭就吃饭，睡觉就睡觉。

我修炼自己活在当下，写书时写书，看花时看花，陪孩子时只陪孩子。每一件事情，都专注于当下，享受当下的快乐，这就需要我们学会管理自己的内心。

分清时间界限

从我自己的经验来说，如果在做一件事情时，没有全力以赴，没有全神贯注，那么成效必定不高。在处理其他事情的时候，也会伴有一种焦躁的心理。

这种焦躁或许是因为内心知道自己当时没有全力以赴，有些愧疚，又或许是因为事情应该有十分成效却只做到了八分，有些遗憾。总之内心会有些不舒服，这种不舒服的感觉，就让我们变得很焦躁，如同心里有蚂蚁爬，让我们无法专注于当下应该做好的事情，然后反复循环。

这种情况在自由职业者身上更容易出现。

回忆起我在医院工作时，要处理医院办公室事务，又要处理文化办事务和网络舆情，还要时时学习各种技能提升自己。并且还有我先生跆拳道道馆的一些事务要处理，两个孩子也需要陪伴。那时候真是三头六臂，处理起来都是井井有条，所有认识我的朋友都说我太厉害了，竟然能处理这么多事情，还天天很开心。

但辞职之后，有一段时间里，我发觉自己的工作效率似乎没有在医院工作时那么高了。虽然少了很多事，却感觉自己更忙，而且变得焦躁了。连孩子也说我："妈妈，你怎么变得更忙了，好像陪我做作业的时候，也需要处理事情，还经常看手机。"

后来，我对自己进行了梳理，发现实际上是因为有许多事情可以自己安排，工作、家庭、娱乐的时间界限变得模糊了，许多事情没有给自己一个明确的期限。

限时完成

我们在工作时，由于事务实在太多，因此每一件事都需要快速整合安排，因为有时间限制，就会抓紧时间在规定期限完成。调动出最大的潜力专注做事，如此一来就能又快又好地完成工作。

于是，我给自己规定了时间，比如每天工作多久；在工作的时候，给自己规定完成一个段落才能看手机；起来走动5分钟，然后继续专注工作。

这有些类似于番茄钟的形式，只是我没有按响番茄钟，因为我觉得有时一件事情不一定能在25分钟内完成，如果思路正是非常顺畅的时候，番茄钟忽然响起，会打扰到自己的思绪。所以我喜欢按照自己的节奏安排，反而是最舒服的。

如果你刚开始无法做到专注工作很久，可以定番茄钟，或者用手机定时也可以。初期可以定15分钟，如果专注时间能更久，可以定25分钟，甚至是40分钟。之后活动一下，喝喝水，上上洗手间，大约5分钟之后再继续投入工作。这是一种很好的能让自己专注当下的方法。

这样调整后，因为全心投入了，工作效率必定会大幅度提高。因为对自己的工作状态非常满意了，内心也会变得更安宁。

所以，每天中午吃饭时吃饭，看花时看花，陪孩子玩、陪小狗玩时也专注享受这份陪伴和快乐。而晚上看电视、看电影，就成为对自己辛勤工作的奖励，则受之不愧、甘之如饴了。

每天冥想

除了使用番茄钟，我个人觉得冥想也是一个非常好的方法。冥想可以感受自己的内心深处，感受自己的身体，放空自己的大脑，重整自己的思绪和情绪。

实际应用案例赏析

时间管理在学习中的应用——李果蒙

李果蒙是一位中学生，课业特别忙，周末也不能好好休息。他的父亲是一位新媒体人，非常重视他的学习，更重视让他养成自我管理的习惯和能力。

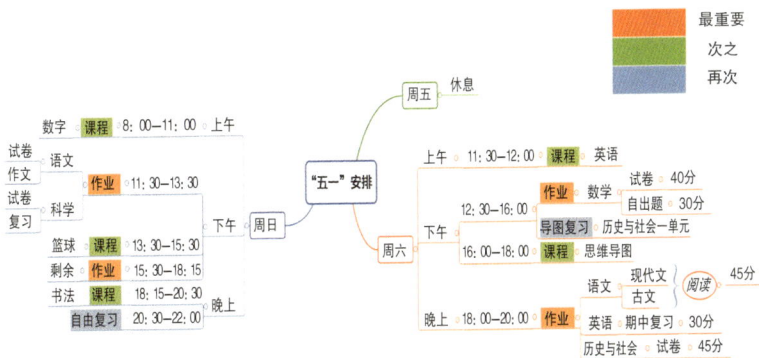

这是李果蒙学习思维导图法之后应用于时间管理的实例。他是以时间进行思考的，这样只能看到每一个时间段需要做什么，却失去了思维导图法在时间管理中的作用。

这种以时间线进行思考的方式，在条列式的清单中也可以做到，因此，在思考的先后顺序上需要调整。

思维导图法以整合事项、发散思维，再收敛思维为思考过程，不仅可以根据属性对事项进行整合，从而找出更为高效的处理方法，让思维更加完善，不会遗漏，还可以根据事件的重要程度、紧急程度来安排时间。这样才是真正让自己的事务安排既有条理，又主次分明。

时间管理在幼儿生活中的应用——方新余

这是我大儿子方新余在读幼儿园时画的思维导图。有一天他瞧着我在画思维导图，非常好奇地问我："妈妈，我也能画思维导图吗？"我开心地回答："当然可以啊！画点什么好呢？"他歪着脑袋想了想说："画我今天要干什么吧！"

于是，他人生中的第一幅时间管理思维导图就在我们俩的合作中出炉了。

主干内容分别是玩、看、整理、照顾太婆、睡觉。

那一天，他每做完一件事情，就在相应的地方打一个钩，睡觉前捧着这张思维导图，脸上是满满的成就感和自豪感。

我觉得这是一种非常棒的亲子互动。只是要注意不能强迫，不苟求规则，多鼓励、多认可，以培养兴趣为主，培养逻辑能力和联想能力为主就好。

作业

日程管理的应用非常简单，就不具体列出其他伙伴的应用了，请你赶紧用这个工具来规划一下自己的日程安排吧！

1.一天事项安排；

2.月事项规划。

做好后，可以将你的思维导图发送到微信公众号"玉印思维导图"，并记得告诉我你的感受哦！你的作品将有机会得到点评，并有机会成为下一本书的案例哦！

二、思维导图法+空间整理

为何要做空间整理

如果能时时处于整洁的环境中，一眼望过去所有物品都是我所喜欢的、怦然心动的，该是多么愉悦的生活啊！

绝大多数人从小时候开始就会有一个感受，好像家里人在不停地整理家居物品，刚整理好时虽然干净整洁，可是过不了多久又一团糟了。

坦白说，我就是这样子的。从小都被妈妈追在后面喊："不要再乱扔东西了！我整理得累死了！"长大后，我自己成家了也没能好好整理，以至于经常会找不到东西，即便在办公室也会对着乱糟糟的抽屈发愁。

凌乱的物品不仅让我们找东西耗时耗力，更让我们心绪不宁，焦躁不安。

在这样的情形下，我接触到了山下英子的《断舍离》和近藤麻理惠的《怦然心动的人生整理魔法》（下称《人生整理魔法》）两本书，如获至宝，这真是两本整理物品的好书，它们不仅告诉人们如何整理物品，更是在很大程度上革新了人们的观念。

可以说这两本书为我打开了整理物品的大门，当时我虽然学习了思维导图法，并在工作中不断应用，但从没有把这两种方法联系到一起。

直到我从事思维导图法的教学，在不断体悟的过程中，猛然发现这种告诉我们如何思维的方法，与告诉我们如何整理物品的方法殊途同归，竟然如此相似，如此相辅相成。从那以后，我才真正悟透了应该如何整理物品、整理思维，我也才真正明白了空间的整理竟然如此简单而有趣。

如何应用思维导图法+空间整理

那么，两者究竟相似在哪里，又如何应用呢？

不管是山下英子的《断舍离》还是近藤麻理惠的《人生整理魔法》，其最核心的理念都是：扔扔扔和整整整。

我们来看一看这两个理念与思维导图法的相似之处。

第一步：扔扔扔 VS 关键词思考（收敛思维）

两位整理大师都强调，在整理物品时，并非一开始就动手整理，而是要先对物品进行过滤——什么是当前真正需要的，什么是让自己怦然心动的。

只留下那些真正需要的和怦然心动的，舍去那些已经穿不着、用不到的，不管买来时多么贵，都要果断地处理。

这样的话，听起来是不是非常熟悉呢？

是的，在我们用思维导图法吸收资讯时，在我们做读书笔记和听记时，常常强调——只要我们真正需要的，只要我们内心有触动的！关键词思考就要求我们不断舍去、不断沉淀、不断萃取。

整理不好思维，往往是因为我们什么都想兼顾，可最后会发现什么都没做好。整理物品也是一样的。

这里最难的是一个"舍"字，特别是有老人在家的时候，往往你丢了，他们捡回来。因为他们经历过物资匮乏的时代，所以任何东西都如宝贝一般，用了又用，一定要发挥出最大的价值。

可是，正因为物资匮乏，家里的东西不会很多，才会每样东西都能极力做到让它物尽其用，这也是一种关键词技巧啊。

而现在这个年代，东西太多了，整箱整箱的玩具、书，整个柜子的衣服、鞋子，厨房里可以用的餐具也是好几套。

这样的情形下，反而让人无所适从，不知道该用哪个，也不会非常珍惜。堆在家里浪费空间，还浪费整理和查找的时间。

因此我们需要抓关键，留下喜欢的、真正需要用到的。如果有几套功能相似的物品，就只留下最为喜欢的。

那么，不要的物品只能丢弃吗？其实我们可以进行分类：实在不能用的，可以丢弃或者卖给废品站；还可以使用的，可以在闲鱼等二手平台卖掉，也可以送给需要的人。但是卖掉和送人也需要清理干净再送走。

我就经常使用闲鱼App，记得有一次我把小儿子用过的一套家用游乐场围栏、垫子、滑梯等挂在闲鱼上，临近城市有一对年轻的父母专门开车过来自取，看到物品后非常开心。因为这套物品我们买来时的价格是1500多元，而他们只花了300元就买到了合意的，并且非常干净整洁。他们离开时脸上洋溢着真诚的笑容："太好了，太划算了，太感谢了！"而我也真诚地祝福："希望你们也跟我们一样用得开心，希望它们能带给孩子快乐的时光！"这份温情在内心久久不散，这些物品也似乎有了情感，而这份情感在人与人之间流动，这样的感觉是非常棒的！

而送走这些物品后，家里宽敞了许多，似乎又有了新的气息，这是多么美好的故事呀。

因此，在"舍"的环节，重点是，只留下最需要的，对送走的物品给予感恩和祝福。

第二步：整整整 VS BOIs分类分层思考（整理思维）

当我们抓住了家居物品的"关键词"之后，要做的自然是归类啦。

在这里，我认为归类的第一层逻辑是根据人来分。因为每个人都有各自的生活习惯，如果根据物品的属性分类，就很容易乱。

比如衣服，在我小的时候，我们家的衣服都是根据春、夏、秋、

绘制：李果蒙

冬分类的，经常是把换季的衣物整理在一起包在袋子里，搁置在柜子上层。由于柜子没有很多的隔层，所有人的当季衣物叠在一起放置。如果我要找一件春装，就要在全家人的春装里找到自己的，因此会很容易将这堆衣服翻乱，而其他人再找衣服的时候，就会对这一堆凌乱的衣物生气。

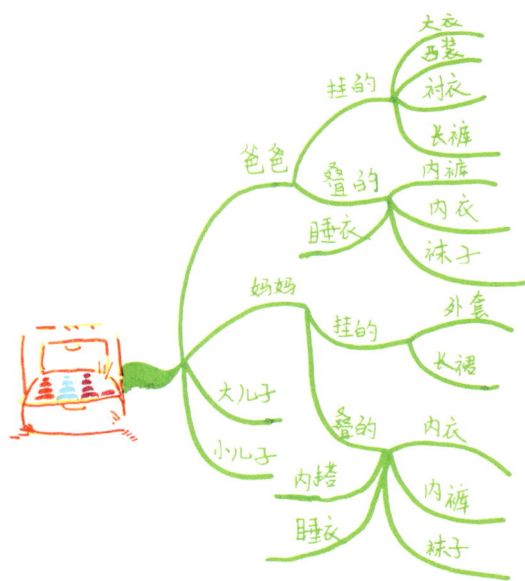

绘制：李果蒙

如果我们根据人来分类，那么每个人只需要在自己的分类里找就可以了，这样绝对不会翻乱他人的物品。

第二层逻辑是根据衣物的收纳属性来分，有些需要挂起来，有些就要叠起来。关于折叠的方式，可以参考《人生整理魔法》。

有人说，有些东西是公用的，怎么办？是的，每个家庭都会有。比如，厨房就有许多东西都是公用的。如果是公用的物品，我们可以在断舍离之后，与家人商议好分类的方法，然后把每一类物品放到最合适的位置。

什么是最合适的位置呢？最方便取用的位置就是最合适的。比如要盛饭的时候，一抬手就可以拿到勺子和碗，不必转过身去柜子里取出来。这样可以给我们最方便、最高效的生活。

当我们商议好物品的摆放位置之后，就需要固定它们。从哪里拿来，必须放回到哪里去。这样才能永远保持干净、整洁、有序，家里的每个人都可以找到任何公用的物品。

这是我在新买了一套房子后，为家里的物品摆放绘制的思维导图。这里只体现了大类，但细小物品的放置也是相同的道理。

实际应用案例赏析

不仅家居环境可以这样整理，我们的电脑文档、手机App也可以这样整理。

朱凯丽——手机App整理

凯丽刚大学毕业，害羞、不善于沟通，但非常有思想，非常积极上进。我们来一起看看她是如何整理手机App的吧！

朱凯丽——

我在整理手机软件之前，它们的排列是比较杂乱的，基本是按照下载的时间顺序平铺，导致日常使用时效率比较低。

比如，我想点开学习的App，旁边的娱乐软件就会分散注意力；本来想打开听课软件，结果刷起了微博，这样的事情是常有的。

用于处理紧急工作的相关软件分布得比较远，使用时两三个界面之间来回切换，降低了效率。

学习了玉印老师讲述的方法，我利用思维导图法将软件进行了合并、替换、删除。突出重点，将常用、紧急软件放在桌面。利用文件夹整合，将功能相似的放在一个文件夹。以前手机三四个界面，现在只有一个，各种软件一目了然，极大地提高了手机使用效率，看到干净的界面，自己的心情也变得很舒畅。

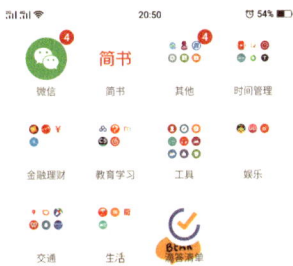

这幅图是凯丽整理之后的手机截屏，我们一眼就看到这位姑娘的积极上进，也感受到手机软件经过整理之后的清晰和舒畅。

凯丽的逻辑是，把最为常用的直接放在第一层；使用频率一般的，分类整理到相应文件夹下面。这样做，不仅一目了然，而且很高效。

作业

学习了思维导图法+空间整理，你是否有一种冲动想要赶紧把自己的家整理一番呢？那就赶紧动手吧！牢记断舍离和分类分层哦！

1.整理家居环境；

2.整理手机App；

3.整理电脑文档。

做好后，可以将你的思维导图发送到微信公众号"玉印思维导图"，并记得告诉我你的感受哦！你的作品将有机会得到点评，并有机会成为下一本书的案例哦！

第十一章

思维导图法+高效应试和教学应用

一、学科考试

　　有许多家长学习思维导图法是为了让孩子有更好的学习方法，也有许多人想要应用这个工具，让自己的学习更加高效。事实上，当我们掌握了如何解析一篇文章、如何解析一本书、如何做听课笔记之后，整理学科知识就非常简单了，不管是通过阅读来复习，还是通过听老师讲解来复习，都可以用思维导图法辅助。

　　在学科知识的整理上，思维导图法既可以用来预习，也可以用来复习；既可以用来记忆、整理生字生词，也可以梳理课文；还可以整理一个单元、一整册的知识点，还能用来分析试卷；等等。

用思维导图法记忆生字

　　对于低年级的小学生来说，可以用思维导图法更好地认识生字。比如，一篇课文的生字可以按偏旁、结构、字义等方式进行分类。

　　下图是一个儿童班的学员，叫史语轩，上小学二年级，她按偏旁部首对生字进行了归类。这样的归类不仅让她更好地记忆生字，也让她对生字有了更好的认识和理解。

用思维导图法预习课文

下图是刘洛彤同学绘制的《木兰诗》，从故事的开端、发展、高潮、结局，再到自己的感悟，脉络非常清晰。

用思维导图法复习知识

用思维导图法复习知识点适用于各个学科，即便是物理、化学、数学等理科也是很好用的。

我们在一张纸上就能看到学科知识点的全貌，更容易发现这些知识点之间的相互联系。

下图是刘洛彤同学绘制的，用思维导图表述了子集、真子集和空集的概念和关系，一目了然。

下图是刘洛彤同学整理的句子的种类，通过这样的整理，在脑海

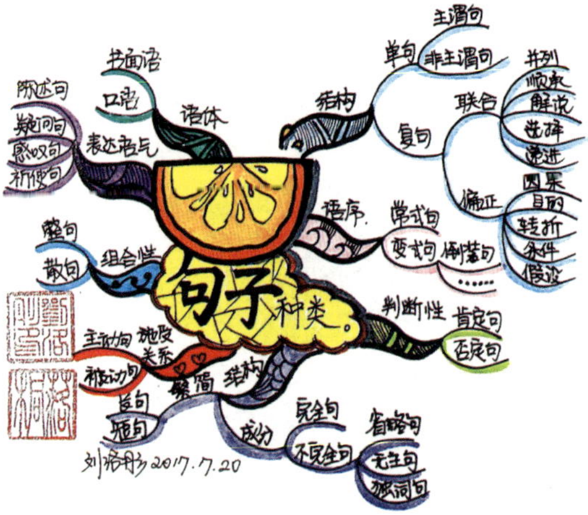

中对"句子"有了一个清晰的架构，复习起来非常方便省事。

下图是我陪儿子复习三年级数学"测量"部分时做的思维导图，检测了孩子对于知识点掌握的情况，也帮助他快速复习了如何测量长度和质量。

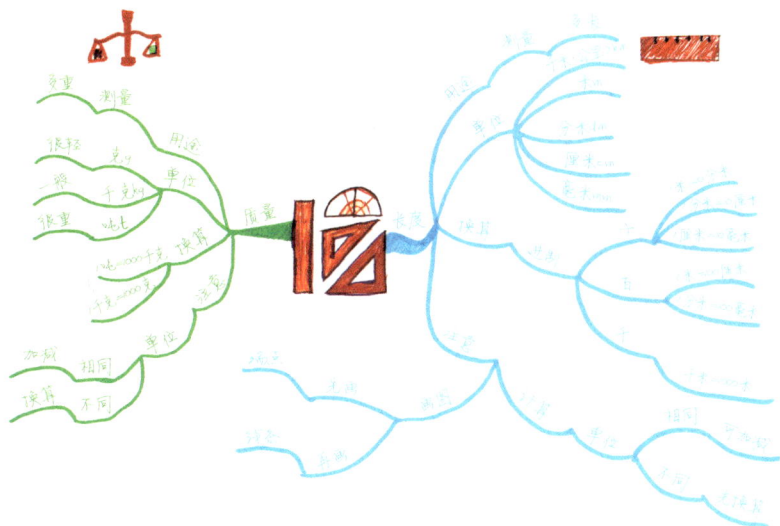

绘制：王玉印 方新余

用思维导图法分析试卷

洛彤在化学模拟考试后，对试卷做了一次详尽的分析。最后得出——

这是一张很可能答满分的卷子，思路什么的一点儿错误都没有，但最后栽在了语言表达上。

如此一来可以帮助自己更好地掌握不足之处，有助于今后改进。

二、职业考试

我有一位表姐是非常有能力的产科专家，但她工作太忙了，有一次在职称考试前一周的一个晚上找到我说要学习思维导图法，用于复习考试。我虽然表示"醉了"，但依然帮助她针对几个难点进行了梳理。她说之前十来年反复背诵这几个难点都难以熟练，但用思维导图法梳理后，一下子就清晰了。后来她通过了副高考试，还认真地来感谢我一番。

我考过主管护师，考过国家高级秘书，还考过语文教师资格证。

考国家高级秘书大约是2008年的事情，那时，我每周末要到杭州学习，由于是跨专业的考试，又没有学习思维导图法，其中有一门差两分，没有通过，第二年怀着大儿子的时候才补考通过的。

后来考主管护师的职业资格证时，用了思维导图法复习。当时我已经在行政岗位多年，很多临床知识已经淡忘了，再加上办公室工作非常忙碌，导致我在考试前两周还没能好好看书复习。后来那两周内，我用思维导图法将"基础知识""相关专业知识""专业知识""专业实践能力"四个科目的每一个章节，抓重点、建逻辑，通过这样的方式临时抱佛脚，那一次考试竟然全部通过并且成绩还都不错。主管护师考试的成绩满分都以100分计算，我除了一门是70多分外，其余都在85分以上。只可惜，时间太过久远，那时候做的思维导图没有好好保存下来。

在2017年年底，我又参加了高中语文教师资格证考试。也是由于自己太过自负，虽然早早报名了，心里却想这些考试有什么难的，有思维导图法和记忆法的帮助，几天就能搞定。谁承想，临考试前一周时才发现，三门的书和复习试卷叠起来竟然有一尺高，而且我还是跨专业考试。结果只好灰溜溜地选择了其中的两门复习，幸好，这两门都通过了。

下面，我以这次跨专业职业考试的复习过程为例，谈谈在职业考试中，应该如何让自己抱住"佛脚"，顺利通过考核。

首先，千万不可轻敌

一定要给自己预留出复习的时间，尤其是跨专业的考试，或者自己不太熟悉的科目。这是我以自己的教训劝诫大家，即便你掌握了再好的学习方法，没有花时间和精力复习也是不行的。

其次，选择复习材料

现在市面上有很多辅导机构和复习材料可供选择。我个人的经验是，大家可以咨询一下相关专业的人士，或者身边通过这个科目考试的朋友，了解哪些复习材料和辅导机构比较靠谱。别人踩过的坑，你可以轻松避开。

再次，快速抓住重点

梳理大纲

先对各门课的参考书大纲进行梳理，整理出一张思维导图，就好像是行军打仗的布阵图，也像公交车站牌，我们可以清楚地看到这门学科中主要讲解了哪些内容，也可以在学习过程中清楚地知道自己走到了哪里，还有多少路程。

比如下面这张图，我连颜色都没有改动，仅仅是运用了思维导图法的结构化思考框架进行了思考。这里想说的是，应用在庞杂、关系复杂的内容中，就比如应试时，我比较喜欢用的软件是XMind。因为这个软件可以在一份文档中，将每个主干作为主题成立一个新的画布制作思维导图，而且可以通过链接随时切换。

快速刷课

辅导机构的好处是会为我们抓住重点，而且好的机构会对几年来的考题进行分析对比，对于考点的权重分析得非常透彻。

因此，我个人的经验是选择好辅导机构后快速刷课，我往往将语速调整到倍速以上听，然后在讲到重点的时候用1.5倍速或者正常语速听，用思维导图听课笔记快速记录这些重点。

对于特别重要的点进行突出标注，力求能一眼就看到。下图是我记录的《职业理念》这一章的思维导图，可以非常快速清晰地了解到职业理念讲述的三大观点：教育观、学生观和教师观。

刷了一次课程后，所有的要点就尽在掌握又逻辑分明。我很清楚这门科目有哪些模块，这些模块中又分别有哪些要点。

接下来，我只需要记忆自己制作的思维导图笔记就可以。记忆时，可以将难点转化为图像帮助自己加深记忆，也可以用联想法编口诀、编故事，还可以把自己想到的口诀或故事记录在思维导图中，方便下次复习时看一眼就能想起来。

比如，我在记忆《中国历史》一节的内容时，给战国七雄就编了一个很好玩的故事——（韩）广军照（赵）着镜子，打扮得（楚）楚动人，在烧烤（燕）子，准备喂（魏）给（秦）王吃（齐）。因为韩广军是我们文魁大脑俱乐部的运营总监，一位阳光开朗的大男孩。一想到他照镜子打扮的样子，我就笑得前仰后合。

后来我把这个故事讲给"武林计划"的学员听，有一位学记忆法的伙伴非常厉害，他说："老师老师，我想到一个更简洁、更好玩的！有七位英雄'骑猪严寒找围巾'！"

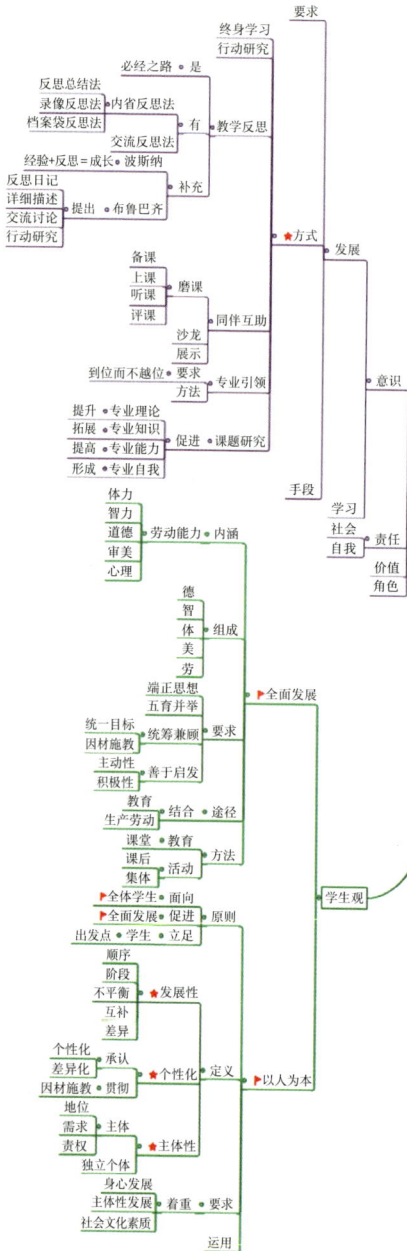

职业理念

教师观

- ★方式 / 发展
  - 要求：终身学习、行动研究
  - 必经之路 ● 是
  - 教学反思 有
    - 内省反思法：反思总结法、录像反思法、档案袋反思法
    - 交流反思法
  - 补充
    - 经验+反思=成长 ● 波斯纳
    - 布鲁巴齐 提出：反思日记、详细描述、交流讨论、行动研究
  - 磨课：备课、上课、听课、评课
  - 同伴互助：沙龙、展示
  - 专业引领
    - 要求：到位而不越位
    - 方法
  - 课题研究 促进
    - 提升 ● 专业理论
    - 拓展 ● 专业知识
    - 提高 ● 专业能力
    - 形成 ● 专业自我
- 意识
- 手段：学习、社会、自我
- 责任
- 价值
- 角色

教育观

- 定义：看法、态度、观点
- 规定
  - 服务 ● 社会主义现代化建设
  - 结合 ● 生产劳动
  - 培养：建设者、接班人 → 全面发展：德、智、体
- 定义
  - 简述：核心 ● 人、素质发展
  - 详述
    - 发展 宗旨：人、社会、学生 ● 基本素质
    - 尊重：学生 ● 主体性、主动精神
  - 注重：人 ● 智慧潜能、健全个性
- 素质教育
  - 特点
    - 全体性 ● 一个都不能少
    - ▶全面性：德、智、体、美、劳
    - 基础性 ● 学会：做人、学习、健体、劳动、审美
    - 发展性 ● 发展：潜能
    - 主体性 ● 尊重：学生 → 自觉性、自主性、创造性
    - 开放性 ● 结合：家庭、学校、社会
  - ▶要求
    - 全体性
    - 全面性
    - 主体性
    - 创新性 ● 培养：创新、实践
    - 持续性
    - 统一性：全面发展、个性发展
  - 方法 4个转变
    - 对象：教育者、学习者
    - 内容：教知识、教学习
    - 侧重：轻过程、重过程
    - 关注点：学科、人

学生观 / 以人为本

- ▶全面发展
  - 劳动能力 ● 内涵：体力、智力、道德、审美、心理
  - 组成：德、智、体、美、劳
  - 要求
    - 端正思想
    - 五育并举
    - 统筹兼顾：统一目标、因材施教
    - 善于启发：主动性、积极性
  - 结合 ● 途径：教育、生产劳动
  - 方法 教育：课堂、课后
  - 活动：集体
- 原则
  - 面向 ▶全体学生
  - 促进 ● 学生 ▶全面发展
  - 立足 ● 出发点
- 定义
  - ★发展性：顺序、阶段、不平衡、互补、差异
  - ★个性化
    - 承认：个性化、差异化
    - 贯彻：因材施教
  - ★主体性
    - 主体：地位、需求、责权
    - 独立个体
- 运用
  - 着重 要求：身心发展、主体性发展、社会文化素质

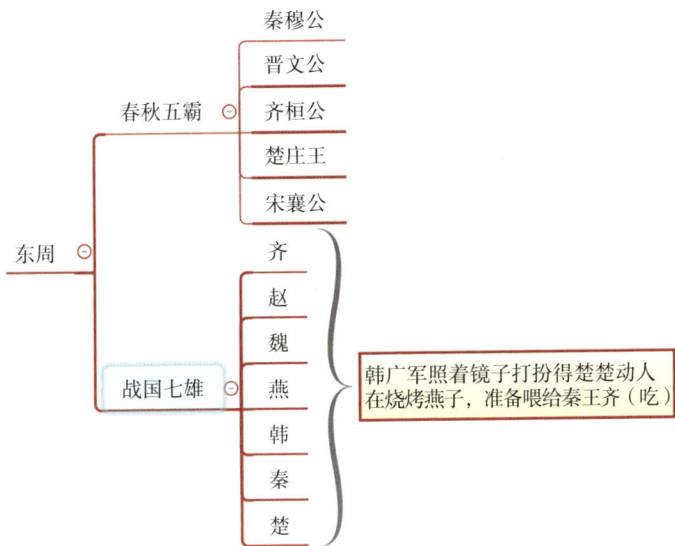

```
                    秦穆公

                    晋文公

      春秋五霸 ⊖   齐桓公

                    楚庄王

                    宋襄公

东周 ⊖              齐  ┐
                    赵  │
                    魏  │
      战国七雄 ⊖   燕  ├  韩广军照着镜子打扮得楚楚动人
                    韩  │     在烧烤燕子，准备喂给秦王齐（吃）
                    秦  │
                    楚  ┘
```

骑（齐）

猪（楚）

严（燕）

寒（韩）

找（赵）

围（魏）

巾（秦）

哇！他这样一说，我们课上的小伙伴都被逗乐了！而且都为他鼓掌！我想我们这堂课上的所有人都不会忘记战国七雄了。

如果还是记不下来，可以使出终极大招！画上一头猪，一个人在白雪皑皑的严寒天气，去找一条围巾！这样一定是终生难忘了吧！

插图手绘：朱日升

所以，在刷课的过程中，我们要抓重点，并且初步记忆它们。

最后，大量刷题、记题

当我们对重点有了一定了解和记忆之后，就可以通过大量刷题来检测和进一步巩固记忆了。

我个人是将选择题和问答题分开记忆的。

选择题刷题方式

对于选择题，我会先自己用铅笔做一遍，然后再对一遍答案，标注出错误的题，以后只复习错题。

选择题有两种类型：

一种是纯记忆性的，我们只需要通过联想挂钩进行记忆就可以了。

比如下面这一题，我一开始并不清楚，就胡乱选了一个，但后来对答案时知道应该是"洛克"，就用荧光笔标注出来，然后在题目中找到关键词——白板，教育家。

1.认为人出生后心灵是一块白板，一切知识是建立在由外部而来的感官经验上的教育家是（ ）

A. 洛克　　B. 卢梭　　C. 斯宾塞　　D. 夸美纽斯

脑海中想"一位教育家正在白板上写字，忽然落下了一颗钻石！这个钻石有一克重！把白板给砸破了一个洞"。

这样一想，白板、教育家、洛克，三者有了挂钩，就很容易记住了。

另一种是有一个小的系统的知识点，需要判断和思考才能得出答案的。

这类题失误，是因为我们对于知识点的掌握不够。一旦发现有不对的，就去翻思维导图、翻书，看看自己为什么会错，这个知识点的要点在哪里。如果有必要，还可以在思维导图上进行补充和标注。

这样一来，就能很好地掌握和理解这个知识点，下次就很容易做正确了。

问答题刷题方式

对于问答题，非常熟悉的题目，我是不写答案的，我会在心里默念一遍，然后看答案，如无出入就此飘过。

对于不熟悉的，我会先在草稿上梳理一下思路再答题，如果不对，就用思维导图法进行梳理。

比如，要求简述教师教学能力的结构，我的思考都在空白处，用思维导图体现出来。

答案有：

①组织和运用教材的能力；

②言语表达能力；

③组织教学的能力；

④对学生学习困难的诊治能力；

⑤教学媒体的使用能力；

⑥教育机制等。

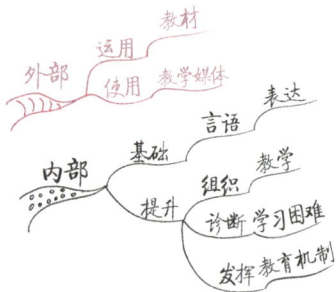

29.简述教师教学能力的结构。

我们会发现答案虽然看起来挺简单的，却没有形成逻辑结构，不太好记忆。我懒得死记硬背，就将它分为外部能力和内部能力。

外部：运用教材、使用教学媒体。

内部：基础——言语表达。

提升——组织教学、诊治学生的学习困难、教育机制。

这样一来，我就能通过外部和内部两个钩子，钩住后面的知识点了。

我们在实际考试时可能在形式上没有完全遵循技法要求，也可能心法也并不十分严谨。但我们要以能更好地还原答案为主。

高中教师资格证考试中的《综合素质》和《教育知识与能力》是我之前完全陌生的科目，但我在一周内用这样的复习方式通过了考试。

我相信你借助这个工具也一定可以让自己更高效、更轻松地通过考试！但一定要学好这个方法，可别学我这样轻敌的心态，临到最后几天才复习哟！我不得不放弃一门的血泪史，你可千万要绕开哟！

PS：2019年3月，在前两门成绩的有效性快要到期的时候，我又用这样的方法花了一周时间，把另外一门给考过啦！

三、学科教学

思维导图法在近几年越来越普及，很多学校主动引进这个方法，还有很多学员说学习思维导图法是因为孩子作业要求用思维导图绘制课文内容，但家长和孩子都不知道应该怎么做。很多老师其实也没有系统学习过这个方法，并不知道思维导图法究竟可以为孩子带来什么、怎么指导孩子使用这个工具。

因此在本书接近尾声时，我想借助"武林计划"学员中几位公立学校教师的实际应用案例，来解说一下思维导图法在学科教学中的应用以及产生的效益。

杨泽——思维导图法在高三总复习中的运用

杨泽老师是第一季思维导图"武林计划"的学员，他是文学硕士，在天津一所重点高中做语文老师。自2016年年初学习思维导图法之后，就不断尝试与语文教学相结合，取得了非常好的效果。目前不仅他的学生学习思维导图法，他所在学校的高层、中层也邀请他开展思维导图法讲座。我们来看一看杨泽老师是如何将思维导图法应用在高三总复习中的。

杨泽——

高考的脚步越来越近了，学生们都进入了紧锣密鼓的总复习阶段。科学有效的复习方法与复习策略，决定了高中最重要阶段的学习效率。有的学生大量做题却不进行总结，结果往往陷入低效率的复习之中；有些学生却运用思维导图搭建知识体系，迅速打通了高中三年各学科脉络。这两种不同的学习方法，导致最后复习效果的巨大差别。

1. 为什么用思维导图法进行总复习

①思维导图法符合知识深度加工理论。它运用可视化思维方法，可以将抽象而单一的知识点变得具体化和立体化，让学生在看到"点"的同时看到"线""面""体"。在语文课堂上，我运用思维导图法让学生深入思考并整理归纳知识点、考点及答题步骤，力图让学生在复习中化被动为主动。在激活早期知识的同时，不断激活新旧知识的联系，并实时更新知识系统。更重要的是，绘制导图、分享导图、反思导图的过程实际上完成了从为觉知而加工，到为分析、为综合而加工，再到为应用而加工的三级连跳。

②思维导图法可以营造积极的学习文化氛围。通过积极聆

听、及时反馈和双向互动，形成一个完整有效的教学循环。传统课堂往往以教师讲授为核心，积极聆听往往被忽视，形成只见教师不见学生的尴尬局面。而思维导图法引入课堂教学后，学生获得主体地位，在积极思考的同时积极表达，从而完成输入—加工—输出的完整信息摄入流程。而教师与其他同学的积极聆听，可以让分享思维导图的同学获得强烈的自我认同感，对此时给他的及时有效的反馈，他的认可度与接受度会更高，也会更加主动地听取反馈与修改建议，原因是自己受到了尊重。这样，同一个教学活动实际上完成了一组师生、生生的双向互动。

③思维导图法可以帮助学生化繁为简，缓解焦虑。在高三总复习阶段，一些学生由于学科基础不牢固，到后期容易出现焦虑情绪，甚至自暴自弃。究其原因，太多知识过于琐碎，海量试题喷涌而出，让这部分学生感到无力招架，从而产生大量负面情绪，最终影响发挥。思维导图法可以化繁为简，以简驭繁，将整个高中知识浓缩成十几张图，从主观心理上有效缓解学生的焦虑。

2. 如何应用在实际教学中

在实际操作中，我会先邀请两位同学在黑板上绘制高考专题思维导图，并制定时间，其他同学在下面用A4纸同步绘制。

在绘制前，我会强调，由于每位同学对专题理解的深浅层次不同，理论上讲，不会存在两幅一模一样的导图，每幅导图都会因主观认知差异而导致或多或少的差别。通过观察同学们绘制的过程，同时参考绘制流畅度与细节展现，教师可以直观地了解每位同学对专题的掌握程度，从而进行进一步有针对性的指导。

在规定时间结束后，我会邀请台上的两位同学分别进行分享。由于刚刚对专题进行了深度加工，知识点与考点了然于胸，这时学生往往表现出异常的自信与轻松，有些学生甚至可以脱稿复述整个专题。

邀请两位同学上台的目的是让学生们可以直观地看到，不同人对于同一个专题认知的差异与构思特色，从而做到取长补短。

在课堂上，为了保证适时有效的反馈，导图的绘制、点评都是在同一节课完成的。我不仅会对导图进行点评，也会邀请台下的同学进行点评。这样，分享的同学可以收到来自不同角度的反馈，增加认知视野的广度。

虽然仅仅点评了台上两张思维导图，实际上也是对台下同一主题几十幅导图的同步点评。学生们可以参照教师和同学对于同一信息点的不同理解，对比修改自己导图的相关内容。经过这样的点评和反馈，学生们能够对已有的知识进行第三次加工（第一次加工是对教师讲授内容的浅层加工，此时侧重理解，知识还是散点；第二次加工是独立绘制思维导图时的加工，此时初步建立网络，知识逻辑还有待加强；第三次加工就是点评反馈后对于思维导图的修改，可以让知识体系得到进一步的加强，知识逻辑趋于合理化）。

在实际教学运用中，我主要采取三大策略。

一是弱化技法，强调心法。很多学生抱怨不会画画，以此作为不画导图的理由，实际上是畏难情绪作祟。因此，我有意识弱化技法，强调简化中心图，让学生迈出第一步。同时特别强调关键词的运用和知识的逻辑关系，有效解决问题。

二是突出重点，强调特色。有些学生基础不甚扎实，可能无法一次绘制出完整的考点内容。这时，我往往先强调特色，哪怕只有一个亮点，也要挖出来，因为这体现了这位同学的独特思考。以点带面，让他继续完善其他部分。

==三是适时赞赏，强调进步。==在我的评价体系中，只有A+、A、B+三个等级，不存在B以下的等级。我告诉学生们A+说明你的导图构思巧妙，细节完善，能够有效指导应用；A说明导图只需再完善一下，就能达到A+的标准；B+说明离A只差半步，请从现在开始完善。

3. 目前应用情况

思维导图在很多具体专题中的应用非常广泛，我们目前已经将高考专题复习逐项整理成了思维导图。在这个过程中，给我最重要的启发的是绘制思维导图可以让学生们在课堂上进入心流状态，充分享受知识深度加工与运用的乐趣。

我希望运用思维导图法能够成为一种学习习惯，让更多学生受益。

侯璨敏——思维导图法在高中古诗文教学中的应用

侯璨敏老师在2017年6月参加思维导图法课程后，就尝试在语文教学中应用，我们一起来看看侯老师在古诗文教学中的应用感悟吧。

随着新课程的不断改革，高中语文课程越来越具有挑战性，它面对的教学对象又是一群思想活跃、精力旺盛的学生，他们的求知欲以及好胜心都处在巅峰时期。因此，在高中语文教学课堂上，思维导图可以有效地激发学生的联想力以及不断地发散学生的思维，激发学生的学习兴趣，进而有效提高课堂的教学效率，以此来培养学生的语文学习能力。

我将从下面三个方面来说说自己将思维导图运用到高中古诗文教学中的点滴体会。

1. 使用思维导图，诗文背诵可以这么好玩有趣

背诵是学生的"老大难"，一是不爱背，觉得背书是件劳神费力还收益甚小的事，花那么多时间还不如做几道理科题；二是不会背，总是死记硬背，好不容易背下来，默写的时候还写错很多字。

通过学习思维导图法，我发现思维导图可以把关键的内容联系起来，条理清晰，而且方便记忆。所以，我就把古诗词背诵作为思维导图在语文教学中尝试的第一步。

比如，柳永的《雨霖铃》这首词，我绘制了下面这张思维导图：

中心图是根据词中的名句"杨柳岸，晓风残月"绘制的，主

干则是按照上、下两阕来分。将这首词的内容利用谐音联想、情境联想等方法绘成图画表现出来，比看文字要有意思多了。因为考虑到背诵最终是为了默写，所以字是不能错的。

于是，我们又以《永遇乐·京口北固亭怀古》为例进行了讲解，比如"留恋处"谐音"榴梿"，"风情"谐音"风琴"，"多情自古伤离别"联想成"两个多心的人（多情）从鼓（古）那儿流着眼泪（伤）离开（离别）"，再如"应是良辰好景虚设"联想成"太阳出来，有山有水的秀美风光（良辰好景）却是用虚线绘出（虚设）"。不出所料，学生们很快就进入了状态，照着导图和文字试着背诵起来，平时一说背诵就头疼的他们一改常态，跃跃欲试！

经过了几首诗词的练习，学生们慢慢尝到了思维导图的甜头。我就进一步引导学生根据自己的理解来绘制古诗文的背诵导图，没想到收获了惊喜！

李清照《声声慢》背诵导图

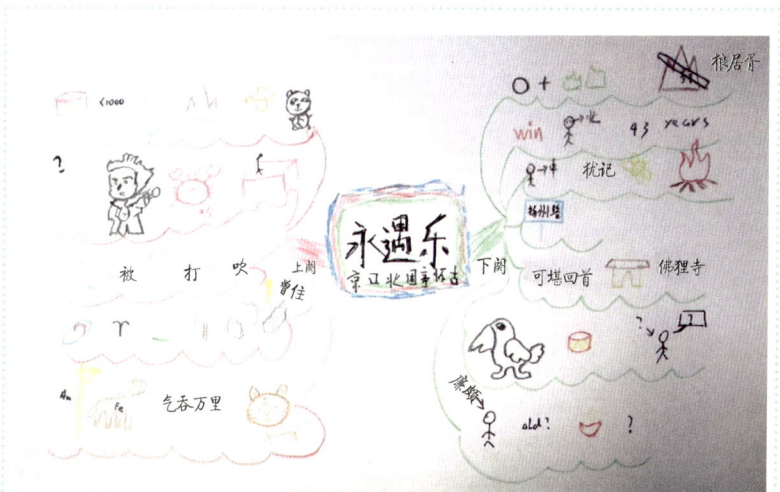

辛弃疾《永遇乐·京口北固亭怀古》背诵导图

以上两张思维导图都是学生自己绘制的，画完以后，这两首词也就背下来了。后来班里的背书"困难户"主动拿着自己画的导图背书，让我深感欣慰。思维导图初体验成功！

2. 使用思维导图，诗歌鉴赏可以这样简洁明了

每次在学习诗歌单元之前，有一节介绍诗歌鉴赏相关知识的起始课。以往这种纯知识性的课是在我不停地翻PPT课件、学生不停地记笔记中度过的，"枯燥乏味"就是它的代名词，学生听了很多遍还是不明白，拿到诗歌就一头雾水，不知道从哪里下手。接触了思维导图之后，我想要有所改变。下面这张《诗歌鉴赏》的思维导图就这样应运而生了。学生看导图不仅一目了然，还能印象深刻。诗歌鉴赏分四步：①写了什么？指的是诗歌的内容，可以通过诗词的标题、诗句中的关键词、意象以及注释来获取相关信息。②为什么写？指的是诗歌创作的社会背景和作者的个人经历，也就是我们

常说的知人论世，然后体会作者要表达的情感。③怎么写？则是对诗歌的进一步分析，包括手法、语言和风格等方面。④写得怎样？就是语言表达、修辞运用后产生的表达效果。

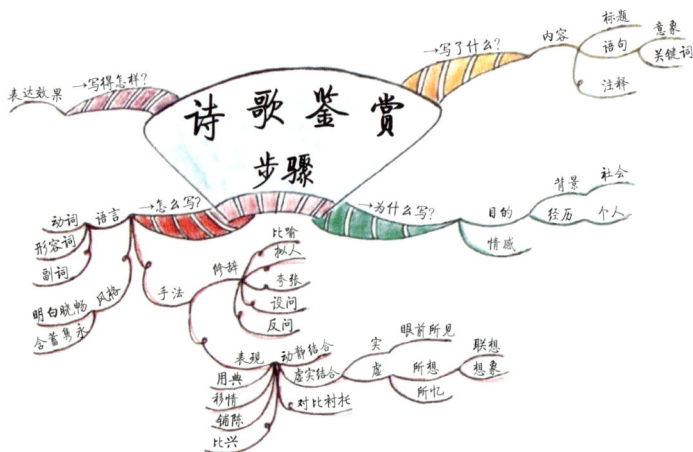

　　我绘制的这张导图，旨在给学生搭台阶，帮助学生更快地找到诗歌鉴赏的切入口。学生在看到诗歌以后，可以在脑海里回忆一下这幅导图所提取的诗歌鉴赏的关键信息，就能很好地解决诗歌鉴赏难的问题。

　　当然，在实际操作时，学生还需要学会区分诗歌的类别，先找出内容所涉及的主要方面，然后再深入具体的手法中一一比对后，把恰当的手法确定下米。思维导图中的层级对应着操作时的几个阶段，好像在"地毯式"的搜查后进行精确比对，保证万无一失。

3. 使用思维导图，文言文分析可以这样通俗易懂

　　文言文一直是语文教学中推进非常困难的板块。学生对文言

文有畏惧心理，每每看到文言文就想跳过。所以我打破传统教学方法，尝试着课上边分析边绘制思维导图来呈现文言文的结构。以《六国论》为例。它是议论文典范，分为三个部分：引论、本论、结论。引论提出中心论点"六国破灭，弊在赂秦"，紧接着提出两个分论点：贿赂的国家会"力亏"，不贿赂的国家会失去"强援"，同样面临灭国的危险。本论完全围绕着两个分论点展开论述，韩、魏、楚三国用土地贿赂秦国，失去比战败多"百倍"的土地，先祖创业艰难，子孙却弃之如草芥；齐、燕、赵虽然都没有贿赂秦国，却都没能"独完"。结论是，六国如果能封贤臣、礼贤才、"并力西向"、"不为积威所胁迫"定能保全，从而警示北宋统治者不要"从六国之故事"。

　　通过带领学生对这篇文言文抽丝剥茧式的讲解，课上现场绘制导图逐级地呈现，学生非常直观地看到文章的结构，而且能很

轻松地通过这张导图想到《六国论》的具体内容，甚至利用这个思维导图构建了一篇规范的议论文。这就是思维导图的奇妙之处。

我在新课标的理念与建构教学原理的指导下，将思维导图运用到古诗文教学中，进行了一些有效的尝试，学生不再对古诗文拒之千里之外，开始慢慢地愿意走进古诗文的学习。之后，我将一如既往将思维导图运用到语文教学的其他板块中，也希望能够通过思维导图激发学生的思维能力，让学生熟练运用思维导图。

后记

其实，若换作几年前，我很难想象自己有一天能写一本书，尤其是工具类的书。

但在这几年的教学过程中，我确实见证了思维导图这个工具带给许多人的成长，感受到了他们在应用过程中那种积极向上的劲头和不断绽放的人生状态。

从这些人的状态中，我感悟到人生或许真的是只要敢想，就能做到。

所以在编辑的鼓励下，我拿起了笔。在写书的过程中，我感受到了思维导图法在我内心中又一次进行了内化、梳理，越写越开心，越写速度越快，越写就有越多的思考。

《记忆魔法师》的作者袁文魁老师说我进入了心流的状态。或许是吧，在这几天，我对"吃饭时吃饭，睡觉时睡觉"这份禅意又有了新的理解和体会，对思维导图法也有了新的理解和体会。

前些天，有一位在思维导图界很权威的朋友问我："什么是好的思维导图？"

我说："用投入的时间、精力比收到的效果，性价比高的就是好的。"

朋友问我："可否解释一下这句话？"

其实，我认为需要将思维导图法和思维导图分开来解说。

思维导图法，是一种方法、一个工具，它带给我们的是精准思维、逻辑思维和创意思维，让我们更快记忆和理解事物，更高效地发挥内在的智慧和知识。

而思维导图则是这种思考方法的外在呈现方式。

所有的方法和工具，都是因为能帮助到人们才有了存在的意义。

工具，始终是为人所服务，为人所应用的。

思维导图法作为一个工具，我认为最终的评判标准是能否为人们带来效益，不管这个效益是学习上的、能力上的还是心理上的。

有些人绘制得或许并不好看，有些人的逻辑并没有尽善尽美地体现，可是思维导图帮助他厘清了思路，甚至带给他愉悦的感受，这就是好的。

为什么在练习的过程中，我们要非常严苛地要求自己遵守规则，特别是遵守关键词（one word），逻辑结构的同阶层同属性等心法呢？

因为，如果没有经过严格的练习，你根本就无法感受到思维导图法本身能够带来的效益，无法感受到关键词抓取的重要性，以及思考结构化、互斥穷尽的重要性。

我觉得，我们把思维从内往外显示在图上是一个阶段。通过这种外化于行的表现模式，通过纸张上的颜色、文字、线条、图案，感受记忆更快速、逻辑更清晰、思维更发散的状态，不断调整关键词、调整逻辑结构，从而能越来越快速、越来越正确地掌握这个工具，这就是我们训练的过程。

另外，让这种外化于行的思考模式又内化于心，是最终的阶段。将这些能力内化于心，慢慢让它们成为自己的一种思考本能。学习也好，解决问题也好，不需要把思维导图绘制出来就可以在内心了解关键点是什么，在内心中浮现一个清晰的逻辑架构。这个时候，我们的思考能力就增强了，就更通透了。这是我们追求的目标。

在"武林计划"网络课程的最后一课中，我常常会讲到风清扬的独孤九剑。独孤九剑第一步要求我们记住招式，而最后又要求我们忘记招式。我想只有当所有的技能转化为本能后，才能随心所欲地使用吧！

在这里，我也祝福各位正在阅读这本书的读者能运用"思维导图法"这柄"独孤九剑"，将你的生活过得万物随心，明心见性！

借着此书，感谢在思维导图法学习和教学路上，支持我、关心我的孙易新老师、李海峰老师，你们如灯塔一般指引我前行。

感谢我的好友袁文魁老师、刘艳老师，你们的支持和鼓励，给了我无比的温暖和信心。

感谢"思维导图武林计划"课程的毕业生们，你们中的许多人为思维导图法的推广做出了不菲成绩，比如梅艳艳女士，现已成为世界思维导图锦标赛中国区第11届、第12届执行主席；在"中国大学MOOC"中带领几万人一起学习思维导图法的王清博士；在"有书"等多个平台上带领上万名学员学习思维导图法的申一帆。因为你们的辛勤耕耘，让更多人了解和应用了思维导图法。还有更多学员在各行各业利用思维导图法做出更佳的业绩，因为有你们，这本书才更有意义，更具价值。

再次感谢关心、支持和爱护我的家人和各界朋友。

最后，我要特别感恩已经离我们远去的东尼·博赞先生，自2014年跟随先生学习后，先生一直给我许多支持和鼓励。2018年初此书初稿完成之后，先生又给予了极大的肯定和支持，特意委托世界记忆锦标赛主席雷蒙德·基恩（Raymond Keene）先生向我转达了他的推荐语，并相约书籍面世后再次相见。想着博赞先生身形康健，心中万分期待，不想未及出版，竟已与先生阴阳两隔。

这一年多时间里，书稿在不断修订和完善，此时正式面世，思及与先生之约，内心无比伤感，以此特别致敬和怀念吾师——可敬、可亲的东尼·博赞先生！先生虽逝，我辈也定当继续推广和发扬思维导图法这一有趣、有用的思维工具，让更多人因此方法而受益！

王玉印